全国药学、中药学类专业实验实训数字化课程建设

药用植物学野外实践

YAOYONG ZHIWUXUE YEWAI SHIJIAN

主编 于俊林 汪荣斌

U0239418

手机扫描注册
观看操作视频
一书一码

北京科学技术出版社

图书在版编目（CIP）数据

药用植物学野外实践/于俊林，汪荣斌主编 . —北京：北京科学技术出版社，2019.6

（全国药学、中药学类专业实验实训数字化课程建设）

ISBN 978-7-5714-0343-0

Ⅰ.①药…　Ⅱ.①于…　②汪…　Ⅲ.①药用植物学—高等职业教育—教材　Ⅳ.①Q949.95

中国版本图书馆 CIP 数据核字（2019）第 117757 号

药用植物学野外实践

主　　　编：于俊林　汪荣斌
策划编辑：曾小珍　张　田
责任编辑：杨朝晖　周　珊
责任校对：贾　荣
责任印制：李　茗
封面设计：铭轩堂
版式设计：崔刚工作室
出 版 人：曾庆宇
出版发行：北京科学技术出版社
社　　　址：北京西直门南大街 16 号
邮政编码：100035
电话传真：0086-10-66135495（总编室）
　　　　　0086-10-66113227（发行部）0086-10-66161952（发行部传真）
电子信箱：bjkj@bjkjpress.com
网　　　址：www.bkydw.cn
经　　　销：新华书店
印　　　刷：河北鑫兆源印刷有限公司
开　　　本：787mm×1092mm　　1/16
字　　　数：211 千字
印　　　张：8.25
版　　　次：2019 年 6 月第 1 版
印　　　次：2019 年 6 月第 1 次印刷
ISBN 978-7-5714-0343-0/Q · 169

定　　价：56.00 元

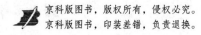

全国药学、中药学类专业实验实训数字化课程建设

总 主 编

张大方

长春中医药大学、东北师范大学人文学院　教授

方成武

安徽中医药大学　教授

张彦文

天津医学高等专科学校　教授

张立祥

山东中医药高等专科学校　教授

周美启

亳州职业技术学院　教授

朱俊义

通化师范学院　教授

马　波

安徽中医药高等专科学校　教授

张震云

山西药科职业学院　教授

编者名单

主　编　于俊林　汪荣斌

副主编　陈　娜　张立秋　熊厚溪

编　者　（以姓氏笔画为序）

于俊林（通化师范学院医药学院）

刘想晴（安徽中医药高等专科学校）

汪荣斌（安徽中医药高等专科学校）

张立秋（通化师范学院医药学院）

陈　娜（亳州职业技术学院）

梅桂林（亳州职业技术学院）

熊厚溪（毕节医学高等专科学校）

总前言

为贯彻教育部有关高校实验教学改革的要求,即"注重增强学生实践能力,培育工匠精神,践行知行合一,多为学生提供动手机会,提高解决实际问题的能力",满足培养应用型人才的迫切需求,我们组织全国20余所院校的优秀教师、行业专家启动了"全国药学、中药学类专业实验实训数字化课程建设"项目。

以基本技能与方法为主线,归纳每门课程的共性技术,以制定规范化操作为重点,将典型实验实训项目引入课程之中,这是本套教材改革创新点之一;将不同课程的重点内容纳入综合性实验与设计性实验,培养学生独立工作的能力与综合运用知识的能力,体现了"传承有特色,创新有基础,服务有能力"的人才培养要求,这是本套教材改革创新点之二;在专业课实验实训中设置了企业生产流程、在基础课中设置了科学研究案例,注重课堂教学与生产、科研相结合,提高人才培养质量,改变了以往学校学习与实际应用脱节的现象,这是本套教材改革创新点之三;注重培养学生综合素质,结合每门课程的特点,将实验实训中的应急处置纳入教材内容之中,提高学生的专业安全知识水平与应用能力,将实验实训后的清理工作与废弃物的处理列入章节,增强学生的责任意识与环保意识,这是本套教材改革创新点之四。

该系列实验教材,经过3年的使用,反响很好,解决了以往教与学的关键问题,同时也发现有些实验需进一步规范化、有些实验内容需进一步优化。在此基础上,我们开展了对纸质教材配套视频的摄制工作。将纸质教材与教学视频相结合,将更有利于突出实验的可视性,使不同学校充分利用这一教学资源,提高教学质量,这是本套教材的又一特点。

教学改革是一项长期的任务,尤其是实验实训教学,更需要在实践中不断探索。对本套教材编写中可能存在的缺点与不足,恳请各位读者在使用过程中提出宝贵意见和建议,以期不断完善。

张大方

2019 年 2 月

前　言

　　《药用植物学野外实践》是"全国药学、中药学类专业实验实训数字化课程建设"项目之一。药用植物学是中药学专业的专业基础课程,也是实践性很强的应用性课程,教师不仅需要在课堂上讲授理论知识,还需要在实验室里进行实验教学,更需要到野外即药用植物的自然分布地进行野外实践教学。药用植物学野外实践是中药学及相关专业传统的教学内容。

　　本教材特点之一是以药用植物识别、标本采集制作为核心,充分利用现代数码相机、智能手机,以及植物电子工具书、植物识别专业网站、植物识别专业软件、植物社交媒体等众多现代信息技术,把它们融入药用植物学野外实践教材中去,达到提高药用植物野外教学效果的目的。特点之二是强化"以人为本"的教育理念,在药用植物学野外实践的准备、安全常识、野外实践考核等方面专门设立章节,在保证安全的前提下,保证药用植物学野外实践顺利进行。特点之三是文中收录了200种《中华人民共和国药典》(2015年版)收录、分布广泛、临床常用的药用植物,内容包括中文植物名、别名俗名、形态特征、分布生境、入药部位、性味功用等,且每种植物配多张图片,为这些药用植物的识别提供了更直观的信息。

　　本教材的编写分工是:通化师范学院于俊林编写第一章及第八章中第1—30种植物的简介,并提供了107种植物的照片;毕节医学高等专科学校熊厚溪编写第二章及第八章中第117—144种植物的简介,并提供了13种植物的照片;通化师范学院张立秋编写第三章及第八章中第89—116种植物的简介;安徽中医药高等专科学校汪荣斌编写第四章及第八章中第31—60种植物的简介,并提供了34种植物的照片;亳州职业技术学院陈娜编写第五章及第八章中第61—88种植物的简介,并提供了9种植物的照片;亳州职业技术学院梅桂林编写第六章及第八章中第145—172种植物的简介,并提供了13种植物的照片;安徽中医药高等专科学校刘想晴编写第七章及第八章中第173—200种植物的简介,并提供了23种植物的照片。另外,方成武提供了6种植物的照片;汪文革、王挺、周繇分别提供了2种植物的照片;郭巧生、李秀英、张久东分别提供了1种植物的照片。路金才提供了植物形态特征的线描图。

　　本教材编写参考了《中国植物志》《中华人民共和国药典》等专业书籍、教材和杂志,同时很多学校的专家为本教材的编写提出了宝贵意见,且有多人为本教材无私地提供了植物照片、线描图,在此一并感谢。为了进一步提高本书的质量,以供再版时修改,因而诚恳地希望各位读者提出宝贵意见。

编者

2019年2月

目 录

第一章　药用植物学野外实践的目的、意义及准备工作

第一节　药用植物学野外实践的目的、意义

一、药用植物学课程特点

中药有 12000 多种，其中 87％ 为植物药，要想学好中药学专业课程，必须学好药用植物学。

药用植物是具有治疗、预防和保健作用的所有植物的总称。药用植物学是运用植物学知识来研究药用植物的外部形态特征、内部构造和分类规律的一门学科。

药用植物学是中药学专业非常重要的专业基础课程，在中药学专业课程群中具有承前启后的作用，要对中药的基原、形态进行鉴别，就必须掌握药用植物形态学和分类学知识。

药用植物学是实践性极强的学科，以观察为主要学习方式。要想学好药用植物学必须进行长期的大量的药用植物学野外实践，对植物的特征进行观察记录，对植物的物种进行识别。

二、药用植物学野外实践的目的、意义

(1)通过生动有趣的野外实践，巩固、复习课堂上所学的药用植物形态学、药用植物分类学理论知识。

(2)学会植物检索表的使用，掌握中药基原鉴定途径和方法。

(3)学会植物标本的采集及制作的程序、方法和要求。

(4)培养学生的科学态度以及细心的观察能力、比较能力、鉴别能力。

(5)培养学生集体主义观念、时间观念，使学生具有吃苦耐劳精神、团结协作精神。

(6)培养学生热爱大自然的情感，使其养成良好的环保意识。

(7)增强学生对本专业的热爱之情，促进其对后续专业课程的学习。

第二节　药用植物学野外实践的组织准备

药用植物学野外实践是特殊的教学活动，不同于教师在教室内上课。药用植物学野外实践是复杂的、高成本的、高风险的教学活动，要想圆满地完成这个教学活动，就要做好充分的组织准备工作。

一、成立药用植物学野外实践领导小组

(一)组成

组长:由院长或系主任担任。

副组长:由教研室主任担任。

指导教师:由任课教师及教研室教师担任,根据学生人数确定指导教师人数,20名学生配备1名指导教师。

辅导员:由学院专职辅导员担任。

队医:由学校安排校医或外聘专业医生担任。

司机:由学校车队专职司机或外聘司机担任。

(二)职责

组长:①负责确定参加药用植物学野外实践的所有人员及其工作职责;②负责提供药用植物学野外实践所需经费;③确定药用植物学野外实践的地点。

副组长:①负责实践计划的制订;②配合或替代组长工作。

指导教师:①提出药用植物学野外实践具体时间、地点;②配合副组长做出野外实践的具体计划;③负责野外课程的讲授、实践过程的全程指导、实践过程的成绩考核。

辅导员:全程负责学生纪律、安全、生活管理。

队医:负责野外实践师生的健康保障以及意外人身伤害事故的抢救。

司机:负责野外实践期间师生出行交通保障,在确保安全的前提下按时往返。

二、召开药用植物学野外实践动员大会

药用植物学野外实践动员大会是保证野外实践教学质量、防止出现意外事故必备的程序,要求领导小组人员和全体学生参加,一般在野外实践开始前3天举行。大会主要内容有以下几项。

(1)由野外实践领导小组组长动员,讲解野外实践的目的和意义。

(2)由辅导员讲解野外实践的纪律要求。

(3)由指导教师讲解野外实践的具体时间及地点安排、技术要求及考核要求。

(4)由队医讲解野外实践的安全防护知识。

三、对参加药用植物学野外实践的学生进行分组

对参加药用植物学野外实践的学生进行分组,是保证野外实践顺利进行的重要措施。一般10名学生一组,男生和女生混合,分别设男女组长各1名,以方便召集。同时注意把学生中的党员或干部分散到每个组中,以便他们发挥带头作用。每组一套野外实践用具,由组长负责领取、保管、发放和回收。整个野外实践中的行军、植物采集、标本制作、就餐等活动都以小组为单位,人员不能分开。组长要按照要求及时向本组学生传达教师的各项通知,并向教师及时汇报本组学生的各项异常情况(如走散、生病、意外事故等),在出发及返回前清点人数。

第三节　药用植物学野外实践的技术准备

一、制订及发布药用植物学野外实践计划

药用植物学野外实践计划的内容应包括野外实践的目的、意义、时间、地点、师生人员组成、实践内容、相关纪律要求及成绩考核要求等。药用植物学野外实践不是郊游,不是游山玩水的活动,而是严肃的教学活动,要让学生提高认识,重视野外实践工作。

二、准备好电子书和网络资源

当今是网络时代,药用植物学野外实践也要充分利用好网络资源及电子书,在野外实践之前做好相关技术准备。给学生讲述网络资源的种类、网址,让学生提前下载安装,并教会学生使用方法。需要准备的电子资源有《中国植物志》在线查询、中国植物图像库、地方植物志、地方植物检索表等,还有"形色""爱植拍""树叶快照""花伴侣""微软识花""发现识花"等植物识别软件,以及有高水平植物专家和植物爱好者的各地区的植物分类鉴别 QQ 群、微信群等,这些都是学习交流植物知识、识别植物的好平台。

三、制订纪律要求,保证药用植物学野外实践顺利进行

(1)统计人数,打印教师及学生的名单、联系电话。

(2)因故不能参加或中途离开实践队伍必须向领队请假,绝对不许擅自离开实践队伍。

(3)每次上车出发前及返程前必须点名,确认全员到齐后方能开车。

(4)所有参加实践的学生和教师必须严格遵守时间。

(5)在野外不得吸烟,以防止森林火灾发生。

(6)不能往车内、车外和野外丢弃垃圾,需自己带回或放置垃圾箱内。

(7)自觉树立资源保护、生态保护意识,在允许采集的地区做合理的采集,在保护区、森林公园或景区内不能践踏和采集,只能观察、记录和拍照。

(8)增强安全意识,团结互助,构建和谐班级。

(9)实践结束后提交实践报告。

(10)保存好门票和车票,实践结束返程时上交教师。

四、药用植物学野外实践的技术要求

(1)了解实践地点生态特点和药用植物分布规律。

不同的地区有不同的生态环境,同一区域也有不同的生境,不同的药用植物分布在不同的生态环境下并具有不同的生境。大的生态环境有森林、草原、沼泽、沙漠、高原、农田等。生境有林下、林缘、路边、灌丛、村落、水塘、溪流、沙丘等。野外实践时,首先要让学生了解实践地点的生态类型,以便于在不同的生境下寻找不同的药用植物,做到有的放矢。

(2)复习、印证、巩固药用植物形态特征及相关的名词术语,为药用植物的鉴别奠定基础。

药用植物学中植物形态部分的名词术语非常多,特别是花的组成和结构部分的术语更复杂。名词术语难以理解,通过观察、解剖不同植物的花,可以对这些名词术语有更深刻的理解,

将之更好地应用到植物分类学习和研究上。

（3）掌握植物各类群的生态特点、主要特征、鉴别要点。

通过学习实践，掌握植物各类群的生态特点、主要特征、鉴别要点，建立植物自然分类系统概念，了解植物由低级到高级的演化规律。

（4）掌握重要科属的特征，掌握重点、常见药用植物的形态特征。

要求掌握 30 个重点科的主要特征，熟悉 20 个科的一般特征。准确识别 100 种重点、常见药用植物的科名、中文名、别名或俗名、入药部位、药材名、主要功效。认识 50 种一般药用植物的科名、植物名。

（5）掌握植物腊叶标本的采集、制作流程以及标本压制步骤的具体要求。

掌握不同类别植物的标本采集、记录表填写、保鲜、修剪、腊叶标本压制、换纸等的要求。要求每组采集制作合格的腊叶标本 100 种以上，每种 3 份以上。

腊叶标本的采集

（6）撰写、提交实践报告。

每个学生在实践结束后提交 2000 字的实践报告，其内容应该包括实践的时间、地点、任务、过程、成果、收获、体会以及实践过程中所遇到的问题等。

第四节　药用植物学野外实践的物资准备

一、学生野外实践学习用品准备

学生需要准备的学习用品主要有《药用植物学》教材、《药用植物学野外实践》教材、整理的笔记、自己购买或借阅的相关书籍、下载的电子版工具书、安装好的相关软件、HB 铅笔、记录本、野外实践报告册等。

二、学生需要准备的生活用品

学生需要准备野外生活必需的物品，主要包括登山服或军训服、登山鞋、双肩包、遮阳帽、雨伞、防晒霜、水壶、手电筒、换洗的衣物和鞋、洗漱用品。衣服最好要做到"三紧"，即领口紧、袖口紧、裤口紧，以防止各类昆虫进入衣服内。除此之外，还要带好学生证、身份证和手机。手机不仅是通信工具，也是重要的学习工具，所以要提前充足话费，充足电，准备好充电宝，把野外实践所需的各类文件、资料、软件保存或安装好，并掌握软件的使用方法。

三、教师需要准备和分发的野外采集用品

（1）教师除了与学生一样准备生活用品外，还要重点准备野外实践用品。

（2）教师自己用的野外实践用品包括：纸质版的《中国植物志》《药用植物学野外实践》等工具书，电子版的工具书，以及数码相机、GPS 定位仪、放大镜、镊子、采集工具等。同时教师还需要准备记录本，以便随时记录野外实践过程中发生、发现的问题，为实践工作总结、改进今后的野外实践奠定基础。

（3）教师向学生发放的野外实践用品有放大镜、镊子、采集镐、枝剪、标本夹、吸水纸、标本号码牌、标本采集记录签、种子采集袋、野外实践报告册等。

四、队医需要准备的物品

需准备蛇药、跌打损伤药、感冒药、抗过敏药、救心丸、预防中暑药、肠胃疾病药物、防蚊虫叮咬药物、晕车药、消毒棉球、体温计、血压计、纱布、绷带等。

第二章

药用植物学野外实践时间和地点的选择及安全须知

第一节　药用植物学野外实践时间和地点的选择

一、药用植物学野外实践时间的选择

药用植物学野外实践一般多在 5～8 月学生暑假期间进行,为期 7～15 天,这个时间段不会影响学生其他课程的学习,并且此时开花、结果的植物较多,是大多数植物的最佳观察期。

受地域、季节、气候的限制,野外实践时往往不容易看到一年四季的植物种类,对于有些植物,更是看不到其花或者果实。仅依靠一次野外实践,对不同季节的药用植物特征不可能得到全面的认识。如果条件允许,应结合当地的气候特点,最好在不同时间段,利用周末或节假日进行近郊实践,每次安排 1 天,这样会有助于学生了解药用植物的形态特征和生长特性。

二、药用植物学野外实践地点的选择

实践地点的选择是药用植物学野外实践的关键,是药用植物学野外实践成功与否的重要前提。实践的目的、要求不同,实践地点也不相同。为保证药用植物学野外实践质量,选择的实践地点应具备以下几条原则。

1. **地形地貌复杂**　任何植物个体和群落都占有一定的空间,这个空间的自然条件总和被称为自然环境。地形地貌是自然环境的重要组成部分,是地壳在各种外部和内部因素长期作用下的产物,包括地表起伏的各种类型,如平原、盆地、丘陵高原、山地等,构成植物赖以生存的复杂生态环境。

地形地貌的情况,与植物种类、植物群落分布和植被类型存在正相关。地形地貌越复杂、奇特,植物的种类、群落和植被类型也越丰富。因此,选择地形地貌复杂的地方作为实践地点,便于野外实践各项活动的开展。

2. **植物资源丰富**　药用植物学野外实践时,应该选择人为干扰影响较少、植物种类丰富、群落多样的地方作为实践地点。这完全是由野外实践的目的决定的,因为药用植物学野外实践要求学生认识一定数量的植物种类,了解植物与环境的生态关系。

3. **资料充实**　对野外实践地点基础资料的收集和积累是相当重要的。基础资料一般应包括如下几项内容。①自然概况,指实践基地的地理位置、地形地貌结构、气候因素、海拔、土壤类型等的资料。②社会概况,指实践地点的历史演变,历代科学家考察所积累的资料和周围的风土人情。③植物资源概况,指实践基地的各种植物的资料,特别是高等植物的资料,如它

们的种类、蕴藏量等。④在有条件的情况下,还要掌握一些动物资源的资料。总之,基础资料包括实践地点有关自然、社会、植物和动物四个方面的内容,收集、了解得越多越好。

4. 交通设施方便　野外实践时除应携带个人行李用具外,还要携带实践工具、药品及参考书籍,生活后勤工作相当繁重。所以交通便利和距学校较近,是选择实践地点时必须考虑的问题。在选择实践地点时,如其他条件基本相同,要优先选择交通方便的,这样既可达到实践的要求,又可节省人力、物力和财力。至于设施方面,主要考虑整个实践队伍的食、住、行三个方面的便利,如是否具备住宿条件、伙食能不能落实、通行的路线是否有利于实践的安排等。住处离采集地点不能太远,以免把太多的实践时间浪费在路上。

5. 食宿条件好　住宿和伙食要安排好,一般要先派人联系安排。为便于管理,学生应集中安排住宿。

6. 安全有保障　选择实践地点之前,应由带教经验丰富的教师进行实地考察。教师到达当地后,应和当地药农进行座谈,了解登山路线,初步选择几条比较安全的路线作为实践时的路线。在确保安全的情况下,再定出学生的实践路线。

7. 建立固定的实践点　在理想的实践地点,应建立固定的实践基地,这样既有助于教师利用不同季节进行深入观察研究和积累资料,又有利于选择野外实践的最佳路线和防控安全隐患,以不断提高实践质量。

第二节　药用植物学野外实践安全须知

药用植物学野外实践的整个过程都是在校外进行的,各种突发和意外事件比在学校时更容易发生。安全问题,始终是药用植物学野外实践的重中之重,实践前教师要反复研究、强调安全问题,让学生牢记安全须知。

一、气象因素安全须知

影响药用植物学野外实践安全的气象因素有雷电、水灾、暑热等。

(一)雷电

当雷雨来临时,不要在空旷环境中的大树、岩石、小屋下躲雨,应马上离开。在雷电交加时,如果皮肤刺痛或头发竖起,说明将发生雷击,应该马上趴在地上,这样可以减少雷击的危险。如来不及离开高大的物体,应找些干燥的绝缘体放在地上,并将脚合拢坐在上面,切勿将脚放在绝缘体以外的地面上。

(二)水灾

在野外时,不要在河谷、山谷低洼处、山洪经过之地或者干涸的河床上露营。当营地受到洪水威胁时,如果时间允许,在收拾必要的轻便物品,或把东西放到高处之后立刻撤离;如果时间不允许,应该马上往高处撤离;如来不及跑上山坡等高地,可爬上附近的大树或岩石暂避洪水;如不幸落水时,切勿惊慌,要抓住洪流中的树木等漂浮物,漂流而下,在河湾等水流较缓处游到河边,爬上河岸;如被洪水困住,不要轻易涉水过河,若有可能,尽量绕道而走。过河时要拿着大约有一人高的手杖、木棍或结实的竹棒,先用木棍探测水深,一脚站稳之后再迈第二脚,这样既可防止跌倒,也可探测水深。

（三）暑热

在高温暑热季节,要合理安排野外工作时间,多利用早、晚凉爽时间,中午多在阴凉处休息。中暑的症状是突然头晕、恶心、昏迷、无汗或湿冷、瞳孔放大、高热。发病前,常感口渴、头晕、浑身无力、眼前阵阵发黑。此时,应立即在阴凉通风处平躺,解开衣、裤带,使全身放松,服仁丹、十滴水等药。发热时,可冷敷散热。如昏迷不醒,可掐合谷穴、人中穴使其苏醒,并紧急送医。

二、地质与环境安全须知

（一）山区

在野外时,应做到看景不走路,走路不看景,以防摔跤和坠崖,并掌握在陡坡、悬崖、峭壁等危险地段行走、自救及互救基本常识。当遇大雾、大雨、雷电来临等情况时,应尽快返回营地,并采取相应保护措施。

（二）林区

进入林区时,要时刻注意防火,禁止吸烟,严格遵守林区防火规定;穿戴好防护服装,防止感染森林脑炎、接触性皮肤过敏症;随时防控森林中蛇、虫、蜂、蚂蟥等对身体的伤害;前人行走时要防止树枝回弹伤及后人;随时确定自己的方位,与同行人员保持联络。当林区出现火灾预兆(闻到烟味、烧焦味,见到野兽和鸟类向同一方向奔跑,见到烟雾等)时,应当迅速寻找并撤离到安全地点。

（三）荒漠地区

进入荒漠地区时,应了解该地区水井、泉水及其他饮用水源的分布情况;准备足够的饮用水;配备宽边遮阳帽、护目镜、指南针、防晒装备和消毒药品;掌握沙尘暴来临时的防护措施;熟知沙漠海市蜃楼景观的有关知识。当气温超过38℃时,应返回营地。

（四）高原地区

进入高原地区时,应当多食用高糖、含维生素丰富和易消化的食品;佩戴风镜,且在进入雪山、冰川地区时,应采取防雪盲措施。初入高原,应当避免剧烈活动,日海拔升高一般不超过1000m。乘车上、下山途中应当分段停留,尽量做咀嚼吞咽动作,以平衡体内外气压。在空气稀薄或海拔3000m以上地区时,应当配备氧气袋(瓶),减少工作时间,减轻负重。

三、野外常见伤害与疾病防治

1. **中暑** 中暑是一种在炎热气候中易发生的严重疾病,如果治疗不及时,将导致脑损伤甚至死亡。发现中暑者后,应将其移至凉爽干燥的地点,解开其衣服,用凉水给其降温,并少量喂水。

2. **高原反应** 高原地区由于海拔高、空气稀薄,而形成了以气压低、气温低、太阳辐射强、温差大、风大、干燥等为显著特点的高原气候。高原反应常见的症状有头痛、头昏、心慌、气短、食欲不振、恶心呕吐、腹胀、胸闷、胸痛、疲乏无力、面部轻度水肿、口唇干裂等。危重时血压增高,心跳加快,甚至出现昏迷。有的人会异常兴奋呈酩酊状态,而出现多言多语、步态不稳、出现幻觉、失眠等症。一般情况下3～5天即可逐步适应高原环境,胸闷、气短、呼吸困难等缺氧症状就会消失,或者大有好转。吸氧能暂时缓解高原反应。若高原反应愈来愈重,即使休息也十分显著,应立即给予吸氧,并送医院就诊;若症状不严重且停止吸氧后,不适症状明显缓解或减轻,最好不要再吸氧,以便早日适应高原环境。

3. 心脏病　心脏病发作的主要症状是有激烈的紧缩性疼痛,常会蔓延到一臂或双臂、颈部等,这些疼痛突如其来,虽像心绞痛,但与体力活动无关,休息之后也不会消失。患者可能呼吸困难、汗如雨下,也可能突然眩晕。当有人发病时,如果发病者清醒,应扶起其上半身,在其头部及肩部垫上柔软的东西(如枕头、背包),并使其双膝弯曲;如果发病者随身带有平时服用的治疗心脏病药物,立即让其服下;解开发病者的颈、胸及腰部的衣物,以促进血液循环,使呼吸顺畅;立即寻求医疗救援,清楚地说明是心脏病发作;切勿给发病者吃喝任何食物;如无必要,不要移动发病者,以免增加心脏负担。

4. 蛇咬伤　蛇是夜行性动物,白天藏在洞穴或石缝里,夜晚四处活动。因此,不要把手伸到树洞里去乱掏乱摸,也不要在攀登斜坡时不加试探地把手伸到石缝中去。在毒蛇出没的地区行动时,应穿长裤、高筒解放鞋,并随时注意有无毒蛇出现。

当有人被蛇咬伤时,应首先分清是被无毒蛇咬伤还是被有毒蛇咬伤。如为无毒蛇咬伤(一般在 15 分钟内没有什么反应),可按一般外伤处理。若无法判断,则应按毒蛇咬伤处理。

被毒蛇咬伤后,切忌惊慌失措和奔跑,而应使伤口部位尽量放到最低位置,保持局部的相对固定,以减缓蛇毒在人体内的扩散。应立即用柔软的绳子、布条,或者就近拾取适用的植物茎、叶,在伤口上方 2～10cm 处结扎,松紧程度以能阻断淋巴和静脉血的回流为宜。包扎后,可先用清水、冷开水加盐或肥皂水冲洗伤口,再用锐利的小刀挑破伤口,或挑破两个毒牙痕间的皮肤,同时在伤口周围的皮肤上挑开如米粒大小破口数处。立即服用蛇药,用药 30 分钟之后,可去掉结扎。如无蛇药,可采挖清热解毒的草药,如半边莲、马齿苋、鸭跖草、鱼腥草等,将其洗涤后加少许食盐捣烂外敷。

5. 昆虫伤害　为了防治昆虫咬伤,应穿长袖上衣和长裤,扎紧袖口、领口,并在皮肤暴露部位涂搽防蚊药。被昆虫叮咬后,可用氨水、肥皂水、盐水等涂抹患处,以止痒消毒。

马蜂一般不会主动袭击人,路遇蜂巢,最好绕行,不要招惹它。蜂蜇伤多发生在无衣服遮盖的暴露部位,特别是头部,所以戴草帽常常是最好的防蜂措施。如遇马蜂袭击,要用衣服将头颈部包裹住。被蜂蜇后,应立即拔出蜂刺,用力掐住被蜇伤部位,用嘴反复吸吮,以吸出毒素。被黄蜂蜇伤时,因其毒液为碱性,故可用醋酸或柠檬汁涂搽;被蜜蜂蜇伤时,因其毒汁多为酸性,故可局部用小苏打水、肥皂水或 3‰氨水溶液冲洗。出现过敏反应者,应尽快送去医院抢救。

6. 常见身体不适

(1)发热。休息调养,服用退热药物。

(2)脸色苍白。出现脸色苍白时,应在将脚部垫高后睡眠休息。

(3)恶心呕吐。出现恶心呕吐时,应使身体俯卧,并把右手伸到颌下当作枕头枕着。

(4)头疼。打喷嚏并觉得浑身发冷、头痛,是感冒的初期症状,故应该服下平时使用的感冒药并静静地休息。

(5)腹痛。腹部不同部位的疼痛有不同的原因,故常采用不同的治法。左下腹疼痛常伴有腹泻,可以服用含用木馏油的药品,并保持腹部温暖,取安静而舒适的姿势。右下腹疼痛时有患阑尾炎的可能,症状较轻时服用抗生素(如阿莫西林)就可止住疼痛,但仍要尽快去医院诊治,且这时不能使腹部受热。

第三章　药用植物学野外实践必备的植物学基础知识及其应用

自然界的植物种类繁多,由低等植物演化到高等植物。在高等植物中,种子植物的植物体通常都具有根、茎、叶、花、果实、种子六大器官的分化。这些器官在长期自然演化过程中形成了独特的外部形态和内部构造,执行一定的生理功能。它们之间密切联系、相互依存构成一个完整的植物个体。

第一节　植物根、茎、叶的形态特征和类型

一、植物根的形态特征和类型

根是植物生长的基础,又是药用植物的主要药用部位,也是药用植物鉴别时的重要依据之一。

1. 根系的类型　一株植物地下所有根的部分总称为根系。植物根系按其形态不同可分为直根系和须根系两种类型,观察直根系时应注意分辨主根、侧根和纤维根(图 3-1)。

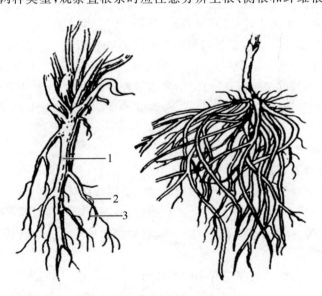

图 3-1　直根系(左)和须根系(右)
1. 主根;2. 侧根;3. 纤维根

2. **根的变态** 有些植物在进化过程中,为了适应环境,根的形态构造产生了一些变态,常见的变态根如胡萝卜的肥大呈圆锥形的肉质直根,萝卜的肥大圆球根,甘薯、天门冬、何首乌的块根等(图3-2)。

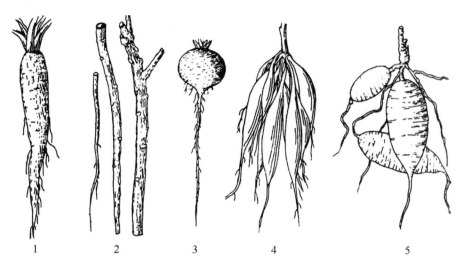

图 3-2 常见的变态根
1. 圆锥根;2. 圆柱根;3. 圆球根;4. 块根(纺锤状);5. 块根(块状)

二、茎的形态特征和类型

茎具有输导、支持、储藏和繁殖的功能,许多植物的茎(茎皮)可作药材。不同种植物的茎按照质地和生长习性的不同,可分为不同的类型。如依据茎的质地,高大乔木及灌木的茎为木质茎;质地柔软的草本植物的茎为草质茎。

另外,依据茎生长习性,可直立于地上的茎,如松、杜仲、紫苏等的茎,为直立茎;依靠缠绕物螺旋生长的茎,如五味子、忍冬、牵牛、马兜铃、何首乌等的茎,为缠绕茎;以卷须、不定根、吸盘攀附他物向上生长的茎,如葡萄、栝楼、常春藤、爬山虎等的茎,为攀缘茎;以茎节上生长不定根平卧地面生长的甘薯、连钱草等的茎,为匍匐茎;茎节不产生不定根而平卧于地面延伸生长的蒺藜、地锦等的茎,为平卧茎(图3-3)。

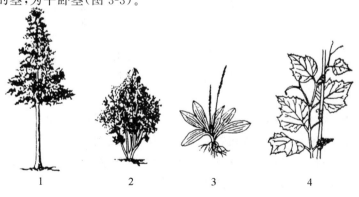

图 3-3 茎的类型
1. 直立茎(乔木);2. 直立茎(灌木);3. 草质茎;4. 攀缘茎

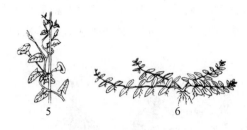

图 3-3(续)　茎的类型

5. 缠绕茎；6. 平卧茎

三、叶的形态特征和类型

叶是植物进行光合作用、制造养料的重要器官,同时还具有气体交换、蒸腾、储藏、繁殖等作用。可入药的叶较多,如大青叶、紫苏叶、艾叶等。

1. 叶的组成　植物的叶形态变化多样,但其基本组成一致。典型的叶一般由叶片、叶柄、托叶组成,其中具备此三部分的为完全叶(如桃叶、柳叶等),缺少一部分或两部分的为不完全叶(如不具托叶的丁香、茶等),如图 3-4。

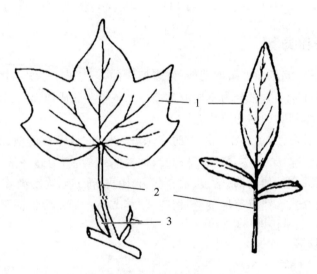

图 3-4　完全叶(左)和不完全叶(右)

1. 叶片；2. 叶柄；3. 托叶

2. 叶片的形状　叶片通常扁平,呈绿色,形状、大小随植物种类而异。同一种植物叶片形状特征比较稳定,故叶片可作为区别植物的依据。如松树叶细长,呈针形;银杏叶为扇形;细辛叶为心形;连钱草叶为肾形;蝙蝠葛、莲叶为盾形;慈姑叶为箭形(图 3-5)。此外,还有一些植物的叶不属于上述的其中一种类型,而是两种形状的综合体。

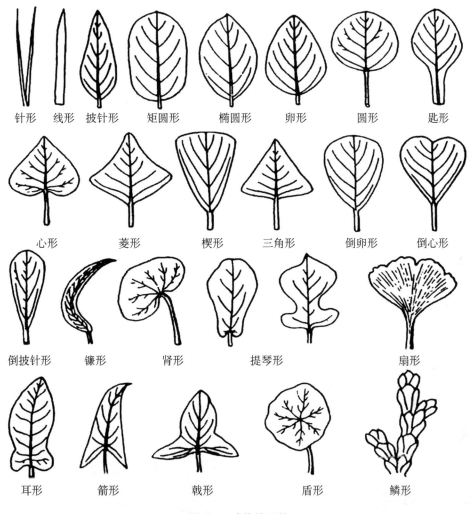

针形　线形　披针形　矩圆形　椭圆形　卵形　圆形　匙形

心形　菱形　楔形　三角形　倒卵形　倒心形

倒披针形　镰形　肾形　提琴形　扇形

耳形　箭形　戟形　盾形　鳞形

图 3-5　叶片的形状

3. 叶缘和叶裂　多数植物的叶片是完整的,但有些植物的叶片边缘缺刻形成不同形状,有的植物叶片缺刻较深大而呈分裂状态。(图 3-6、3-7)

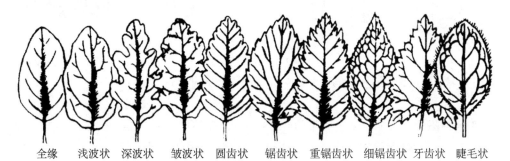

全缘　浅波状　深波状　皱波状　圆齿状　锯齿状　重锯齿状　细锯齿状　牙齿状　睫毛状

图 3-6　叶缘的各种形状

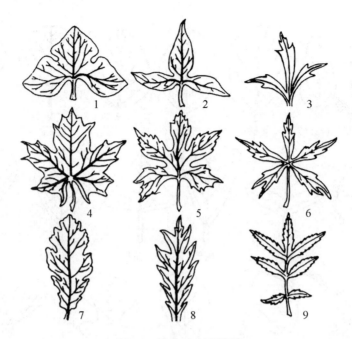

图 3-7　叶片的分裂类型

1. 三出浅裂；2. 三出深裂；3. 三出全裂；4. 掌状浅裂；5. 掌状深裂；6. 掌状全裂；7. 羽状浅裂；8. 羽状深裂；9. 羽状全裂

4. **叶脉类型**　叶脉在叶片上的分布和排列呈现不同类型(图 3-8)。

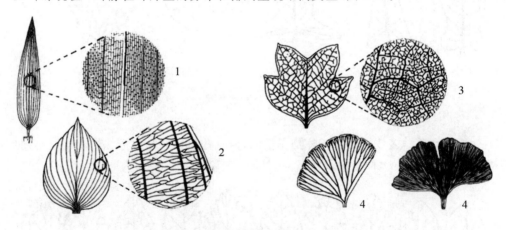

图 3-8　叶脉的类型

1. 淡竹叶，平行脉；2. 玉簪，弧形脉；3. 北美鹅掌楸，网状脉；4. 银杏，叉状脉

5. **单叶和复叶**　一个叶柄上所生的叶片的数目，在不同植物中是不同的。根据一个叶柄上叶片的数目，可将叶分为单叶和复叶。复叶一般有如下类型(图 3-9)。

6. **叶序**　叶在茎枝上的排列有以下几种类型(图 3-10)。

图 3-9　复叶的主要类型

1. 单身复叶；2. 奇数羽状复叶；3. 偶数羽状复叶；4. 二回羽状复叶；5. 掌状复叶；6. 掌状三出复叶；7. 羽状三出复叶

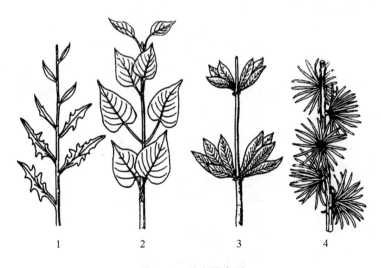

图 3-10　叶序的类型

1. 互生；2. 对生；3. 轮生；4. 簇生

第二节　植物花、果的形态特征和类型

花是种子植物特有的繁殖器官,在植物演化过程中特征变异较小,因此常作为植物分类和鉴别中药原植物的依据。

一、花冠的类型

花冠是花中最显著的部分,不同类别的植物花瓣的形态、数目、排列方式等不同常使花冠形成特定的形状(图 3-11)。

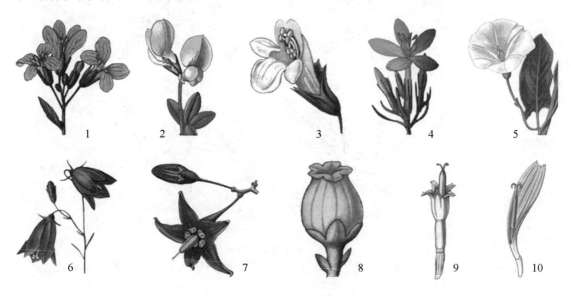

图 3-11　花冠的类型

1.十字形;2.蝶形;3.唇形;4.高脚碟状;5.漏斗状;6.钟状;7.辐射状;8.坛状;9.管状;10.舌状

二、雄蕊的类型

雄蕊的形态、数目以及联合情况的不同形成了多种雄蕊类型。雄蕊的类型也是植物分类和鉴别的重要依据(图 3-12)。

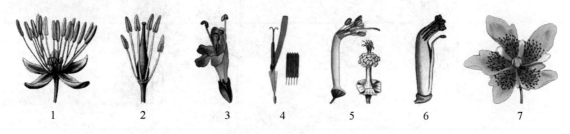

图 3-12　雄蕊的类型

1.离生雄蕊;2.四强雄蕊;3.二强雄蕊;4.聚药雄蕊;5.单体雄蕊;6.二体雄蕊;7.多体雄蕊

三、子房的位置

子房通常着生于花托中央,但在花中有花托和子房联合的情况,根据子房和花的相对位置可将其分为以下几种类型(图 3-13)。

图 3-13 子房的类型

1. 子房上位(下位花);2. 子房上位(周位花);3. 子房半下位(周位花);4. 子房下位(上位花)

四、花序的类型

花在枝条上的着生方式以及花轴上各花形成与开放的情况千差万别,形成了不同的花序类型(图 3-14)。

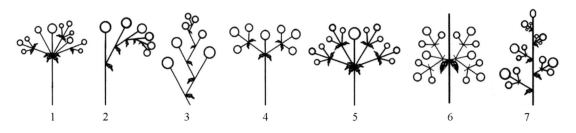

图 3-14 有限花序的类型

1. 聚伞花序;2. 螺旋状聚伞花序;3. 蝎尾状聚伞花序;4. 二歧聚伞花序;5. 多歧聚伞花序;6. 轮伞花序;
7. 聚伞圆锥花序(混合花序)

五、果实的类型

果实的类型丰富多样,有些类型具有明显的科属特异性(图 3-15)。

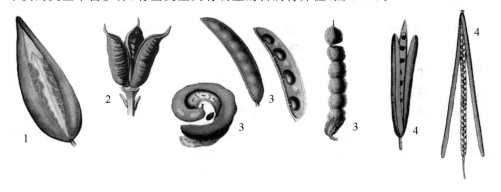

图 3-15 果实的类型

1. 蓇葖果;2. 聚合蓇葖果;3. 荚果;4. 长角果

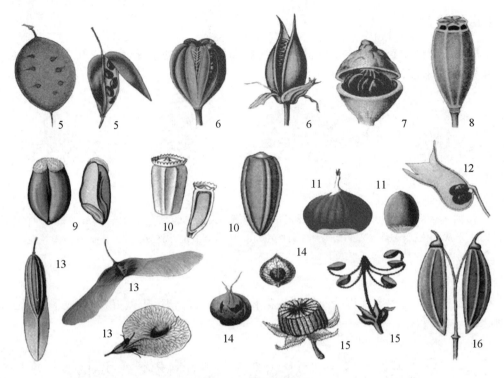

图 3-15(续)　果实的类型

5.短角果;6.蒴果(瓣裂);7.蒴果(盖裂);8.蒴果(孔裂);9.颖果;10.瘦果;11.坚果;12.四小坚果;13.翅果;14.胞果;15.分果;16.双悬果

第三节　药用植物野外识别技巧

一、看

看的内容包括植物各器官的形状、颜色、表面及附属结构的特征。"看"是认识植物最直接和最重要的手段。

1.看叶　植物的叶有不同的形状,有针形、条形、披针形、镰形、矩圆形、卵形、心形、肾形等20多种,若再看叶尖、叶基、叶缘、叶脉、叶序及单叶和复叶等特征,那就更加丰富了。许多科属的植物依据叶形就可鉴别,如银杏的叶片是扇形、鹅掌楸的叶片像马褂、羊蹄甲植物叶片前端凹缺或分裂为2裂片像羊蹄等。

另外,有的植物虽然叶形相似,但叶的其他特征可用作鉴别依据。如蔷薇科的玫瑰和月季,两者形态相似,常被混淆,但从叶的特点来看,玫瑰的叶为复叶,小叶5至9枚,叶面粗糙,背面有柔毛;月季的小叶一般不超过5枚,叶面光滑,两面均无柔毛。中药肺宁颗粒的原料返魂草的来源为菊科的麻叶千里光和单麻叶千里光,而林荫千里光为非肺宁颗粒用返魂草,林荫千里光与单麻叶千里光极易混淆。林荫千里光与单麻叶千里光的区别为前者叶缘为整齐的牙齿状,叶基部无叶耳;后者叶缘为重锯齿状,有叶耳。

2. 看茎　大多数植物的茎是圆柱形的,但也有其他形状的茎,因此,茎的形状也是植物的一种鉴别依据。茎呈三角形的植物一般为莎草科植物,此类的代表性药用植物有香附子、水蜈蚣等。唇形科植物的茎一般是四棱型,我们熟知的有紫苏、薄荷、藿香等。有些植物,茎上的节明显膨大,如爵床科、蓼科、禾本科的植物,以及苋科的牛膝、土牛膝等。有些植物的叶落后,在茎上留下明显的叶痕,如麻楝、木棉、大叶合欢、木薯等,尤其是木兰科榕属植物,它们的枝条上有很多托叶遗下的环痕,这是识别这些科属植物的重要依据之一。

另外,茎的颜色及特征也都是识别植物的重要依据。如在早春时节,整片森林里植物的茎几乎都是暗褐色,但北方生长的朝鲜槐的茎有明显的白色,远距离就能判别。又如白千层的树皮像很多张白纸一样,一片片地剥落。此外,许多植物就是由于茎的形状而得名,如仙人掌、霸王鞭、竹节蓼、蟹爪兰、过江藤、佛肚竹等。

3. 看花　花是种子植物的繁殖器官,同种植物花的形态与结构相对固定,因此,花也是识别植物的重要依据。许多植物就是以花的形态命名的,如半边莲、白鹤灵芝等。半边莲的花开放时很像半边荷花,花冠偏在一侧;白鹤灵芝的花白色、唇形、花冠长筒状,生在叶腋或枝头,宛如成群展翅的白鹤。此外,玉叶金花、鹤望兰、一串红、红掌、吊灯花、马鞭草、鸡蛋花、鹰爪、绣球等也都是以花的形状命名。相近种如朝鲜白头翁和兴安白头翁十分相似,较难区分,但在花色上朝鲜白头翁花色暗红色,而兴安白头翁粉白色。另外,开花的季节和花期的长短也都是识别植物的重要依据。

4. 看果　许多植物的果实非常奇特比较容易记,如山芝麻的蒴果如同家种的芝麻;算盘子的果实像许多红色的算盘珠;铜钱树的果实外形酷似中国古代的铜钱;灯笼草的果实被膨大的花萼包藏着,状似灯笼;羊角拗两个双生果实连在一起,形似羊角。类似羊角拗的果实在夹竹桃科和萝摩科中很常见。另外,像槭属植物果实都为翅果,豆科植物的荚果。在植物家族里,以果实形状命名的也不少,如龙珠果、人心果、鸡蛋果、佛手柑、蛇瓜、磨盘草、翼核果、刀豆、菠萝蜜、面包树、腊肠树等。

一些亲缘关系较近的植物也可以通过果实来区分,如商陆果实直立,而垂序商陆果实下垂;南蛇藤果实颜色暗红色,而刺南蛇藤果实颜色较浅。

5. 看地下部分　植物地下部分的根和根茎对药用植物种类的鉴别较为重要。许多植物的名称与其根或根茎的形状有关。如紫茉莉的根形状如老鼠,故有"入地老鼠"之俗称;东北扁果草的根状茎上的块根如老鼠屎一般;猪仔笠的块根呈纺锤形或球形,形状很像小猪;乌头的根呈不规则圆锥形,略弯曲,形似乌鸦头。此外,龙须藤、金毛狗、山乌龟、多须公、百眼藤、拳参、土茯苓等也都是以根的形状命名的。

在相近种的区别上,如玉竹和黄精形态差别不大,单从地上部分来说,容易混淆,但玉竹的根茎呈长圆柱形,黄精的根茎呈结节状弯曲。再如防己科植物石蟾蜍和金线吊乌龟形态相似,但地下块根差别较大,前者块根呈长圆柱形,后者块根呈扁圆形。

6. 看植株的颜色　有些植物的叶、花、苞片颜色很特殊,让人一看就认识。如三白草开花时,顶端三片叶子全变白;一品红冬月花际,顶端几片较狭的叶子全变红;雁来红的叶为暗紫色,可是一到秋天,大雁南飞的时候,顶叶就变为鲜红色,十分壮观;鸳鸯茉莉花初开时为紫蓝色,后变为白色。有些外形相近的植物,可以通过辨色来区别,如狗肝菜和红丝线很相似,但前者叶很绿,干后是青色的,而后者干后就变成黑色了;冬青科和卫矛科植物的叶子很相似,但前者在火上一烘会出现黑色弧圈。此外,亦有许多植物以颜色命名,有叶下红、红背桂、紫苏、虎舌红、血苋、花叶芋、洒金榕、银边桑、金边虎尾兰、豹斑竹芋等。

7. 看植株的附属物

(1)看"眼"。植物叶子上的腺体、茎上的皮孔通称为"眼"。看"眼"可以区别叶形很相似的不同植物,如肖梵天花和刺蒴麻十分相似,但因肖梵天花的叶柄顶部有一个凹陷的腺体,而有所区别;水团花和风箱树的花很相似,但因前者茎上有皮孔而有所区别。叶、茎长"眼"的植物不少,如巴豆、乌桕、山乌桕、梵天花、石栗、千年桐等植物的叶柄上均有腺体;银合欢、苦楝、梅叶冬青、裸花紫珠等植物的茎上有皮孔。

(2)看点。有些植物的叶子上散生着一些凸起的痣点。如大沙叶透光一看,痣点像星星一样布满叶面,故也叫作"满天星";含芳香油的植物的叶片,如桃金娘科、芸香科植物叶片,散布有很多油点,而这往往也是辨识此类植物的依据。如九里香和米兰的叶子很相似,无花时很难区别,但在阳光可以看到,前者叶片布满了油点。

(3)看毛。马鞭草科很多植物的枝或叶上生有茸毛、星状毛,如野枇杷、大叶紫珠、红紫珠的枝或叶生有茸毛;裸花紫珠及全缘紫珠的枝或叶有褐色茸毛;珍珠枫、杜虹花叶背上密生黄褐色星状毛。以毛命名的植物也不少,如毛稔、毛冬青、毛果算盘子、毛排钱草、毛相思子、毛野扁豆、黏毛黄花稔、锦毛葡萄、毛药红淡等。

(4)看刺。芸香科、小檗科、蔷薇科、五加科、仙人掌科的植物常常长有刺,有的还因刺而得名。如芸香科的勒党又叫"鹰不泊",冬青科的枸骨又名"鸟不宿",皆因它们的枝、叶长有硬刺,鸟不能在上面落脚做窝。

(5)看翅。许多植物的茎、叶有翅。翅茎白粉藤的茎在棱上有狭翅;六棱菊的叶子下延成包茎的翅;葫芦茶的叶柄有翅很像倒放的葫芦;柑橘属植物的叶柄也多少有翅,在叶的分类上均属单身复叶。翅亦是鉴别植物的依据之一。如盐肤木和漆树很相似,但前者的叶上有翅可以与后者区别。

(6)看卷须。葡萄科和葫芦科植物都有卷须,但是二者卷须生长的位置却不同,如果叶和卷须对生,则可初步判断为葡萄科植物;葫芦科植物的茎卷须,却位于叶腋内。南方常见的绞股蓝和乌蔹莓通过此种方法可鉴别。

8. 看断面 识别植物时,有时需要折断植物的根、茎,通过观察其断面的形态和特征来进行鉴别。如大戟科、罂粟科等植物在折断时,断口处会有白色或黄色乳汁流出;鸡血藤的茎在切断时会流出像鸡血一样的红色的汁液。看植物断面亦有助于鉴别植物,如软枣猕猴桃的茎髓是片状白色的,而葛枣猕猴桃的茎髓是白色实心的。

二、摸

摸就是用手的触觉去感知植物不同器官的质地、厚薄以及粗糙的程度。具体方法包括:抚摸、撕扯、掰、揉等。例如,杜仲的皮和叶片撕开后可见银白色细胶丝相连,而其他植物很难有这种特征;锡叶藤的叶表面粗糙而且很涩;节节草、木贼的茎含有硅质化的细胞,用手抚摸起来感觉很涩;糯米团的叶片被揉搓后产生的液体有黏滑粘手的感觉;毛蕊卷耳的全株外有一层茸毛,抚摸起来十分粘手。

有些植物叶子被摘下后就流白色乳汁,如掌叶榕、薜荔、水同木、榕树、飞扬草、千根草、狗牙花、人心果等;白屈菜、荷青花、栀子、姜黄的叶子被揉后有黄色的汁液;鳢肠的叶被揉后产生的液体变为黑色;红丝线、风箱树、大红花的叶子被撕烂后,用开水一泡就成红色。

三、闻

闻就是通过鼻子闻植物体具有的气味,以嗅气味来达到识别植物的目的的方法。如用手揉搓五味子的茎皮后,将手放到鼻下闻闻,有花椒的气味;毛麝香有麝香的气味;藿香、丁香、荆芥、东北牛防风、兴安白芷、当归等植物均具有浓郁的芳香气味;艾纳香、六棱菊有冰片味;细辛有辛辣的气味;鸡屎藤有很大的臭味,在很远的地方就能闻到;樟、黄樟、阴香的叶及豺皮樟的根都有香樟味;香茅的叶揉捻后有姜味;毛大丁草有煤油味;鱼腥草的鱼腥味也特别浓烈。闻气味亦可用于鉴别植物。如豆科的膜荚黄芪和苦参的根难以区分,但膜荚黄芪根有豆腥味,而苦参根有苦味。

四、尝

尝就是用嘴舌来尝植物,根据舌、喉的感觉来辨别植物。辣椒、胡椒、鹰不泊、飞龙掌血、山肉桂、九里香、姜类等有辛辣味;金钮扣的花蕊、两面针的皮、九里香的叶子有麻舌感;杠板归、马齿苋、酢浆草、酸果藤的叶有酸味;三桠苦和穿心莲的叶、铁冬青的皮、黄连的根都很苦;余甘子、秤星树的根先苦后甜;野甘草、相思藤的叶有甘味;龙须藤、桃金娘、大血藤、锡叶藤、番石榴、算盘子等的根有涩味;牛大力藤、猪仔笠的根有薯味。

尝,一般应在有经验的人指导下进行,通常微量而又不吞咽,是不容易引起中毒的,但对某些毒性较大或生物碱含量高的植物,如钩吻、洋金花、海芋、天南星、土半夏、巴豆、白木香(种子)等,切勿尝试。

第四章　药用植物标本的采集、制作及保管

药用植物标本包含着一个物种的大量信息,如形态特征、地理分布、生态环境和物候期等。药用植物标本作为辨认植物种类的第一手资料,是永久性的植物档案和进行科学研究的重要依据,是专业课程学习的教学材料,在植物学、生药学等领域发挥着重要的作用。有关教学和科研单位需要收集一定数量的标本供教学和科学研究使用,基层医药单位也需要收集一定种类的药用植物标本供中医药科普宣传使用。

第一节　药用植物标本的采集要求

一、药用植物标本采集的用品

小镐头:用于采挖植物的地下部分,如根、根状茎、块茎、鳞茎、球茎等部分,也可用小锹代替。

树枝剪:有枝剪和高枝剪两种,分别用于采集不同高度的树木枝条。

标本夹(图 4-1):一般可用宽 2～3.5cm 轻而韧的木条钉成长 42～45cm、宽约 30cm 的方格板 2 块,长边两端的两根短边木条突出约 3cm,以便用绳索捆缚,夹上附有绳子。标本夹的用途是将吸水纸和标本置于其中压好,使标本逐渐干燥而又不致萎缩。它是压制标本的主要用具之一。

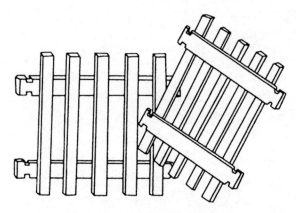

图 4-1　标本夹式样

采集箱(图 4-2)或编织袋:采集箱一般用薄铁制成,长 50～54cm、宽 23～27cm、高 12～14cm;上面弧形凸起,中间开一门,门长 36～40cm、宽 16～20cm;两端系一条宽背带,以便背携。此采集箱专供采集装放新鲜的标本,或花、果实、种子及细小怕压的标本,也可在移栽活植物时应用。在没有采集箱的情况下,可用 50cm×15cm×60cm 的编织袋,袋口须有拉链,以防止标本水分蒸发和标本遗失。同时,还要带若干塑料袋(30cm×40cm)。

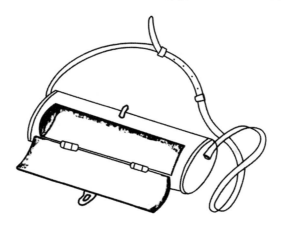

图 4-2　采集箱式样

吸水纸:用易于吸水的毛边纸或旧报纸,折叠成长 42～45cm、宽 28～30cm 大小,以不超过标本夹为宜。将采集的植物标本平展于纸上,每隔 2～4 页纸放 1 份标本(纸厚则可少放 1～2 页),然后用标本夹压紧。

野外记录本(签):专供野外采集时做原始记录用,每采一种植物都要详细地填写一页。

号牌:用卡片纸或其他硬纸做成长约 3cm、宽约 2cm 的小纸片,一端打洞穿线,以便于将之系在标本上。按采集先后次序进行编号,称为采集号,此号数必须与记录本上登记的号数相一致。

小纸袋:用于收集、装放标本上散落下来的花、果实、种子、花粉等。

放大镜:用于观察标本的细微形态特征。

罗盘:用于测定方向、坡向、坡度。

测高仪(海拔表):用于测定海拔高度。

GPS 记录仪:用于测定标本采集地点的经纬度、海拔高度、行走路线、方向等。

照相机:用于拍摄各种植被类型和各种植物,尤其是带花果的特有植物等。

望远镜:用于观察植被或树冠。

小钢尺:用于测定植物标本的高度、胸径等。

绳:用于捆缚标本夹,长 3～4m,或更长些。

浸制标本箱以及其所装工具和广口瓶:特制浸制标本箱内装若干 500ml、250ml 和 100ml 广口瓶,且各瓶间及箱底和箱顶填衬有防震棉纱。工具盒内存放镊子、刀片、解剖针、放大镜、玻片、100ml 烧杯、50ml 量筒、吸管、吸气球和石蜡等工具。浸制标本箱大小为 27.5cm×23cm×20cm。

此外,在采集前还应准备雨衣、水壶、饭盒,及上山用的服装、采集用的背包。必要时准备高筒雨鞋及裹腿布。还应准备常用药品,如止痛药水、绷带、创可贴、蛇伤急救药、防暑药等。

二、药用植物标本的采集

(一)药用植物标本采集的时间和地点

各种药用植物生长发育的时间不同,因此必须在不同的季节、不同的时间进行采集,才可能得到各类植物不同时期的标本。所以,我们应根据要采的植物的生长特性,决定外出采集的时间。

在不同的环境里,生长着不同的植物。向阳山坡与背阴或山谷阴湿处的植物不同;平原与高山的植物不同;山顶与山麓的植物也有所不同。因此,我们在采集植物标本时,必须根据采集的目的和要求确定采集的地点,这样才可能采到所需要的不同类群植物的标本。

(二)药用植物标本采集方法

在采集植物标本时,首先要保证所采标本的完整性和典型性。应该选择能代表该种植物全株(草本植物)或部分枝叶、花枝、果枝(木本植物),且如果叶片的形态有多种必须要全部采到。种子植物一般是依据花、果实、叶、地下茎和根的形态特征来鉴定的,因此,采集种子植物标本时要注意采集上述各种器官特征完整的标本。由于植物生长的周期性,在一次采集中往往不能把植物的各部分器官都采到,所以,后期还需要进行补采。每种植物标本应采集同样标本 2～3 份或更多份,以供鉴定、存放、交换等用。同样标本分别以同一采集号系上号牌(图 4-3)。

```
采集号:

采集人:

日期:     年    月    日
```

图 4-3　号牌式样(5cm×3cm)

(三)采集标本的注意事项

1. **注意标本的完整性**　剪取或挖取能代表该种药用植物鉴别特征的带花果枝条(木本药用植物)或全株(草本药用植物),且还应注意选择生长发育正常,无虫咬、病毒或机械损伤植株,大小掌握在长 40cm、宽 25cm 范围内。对于大多数药用植物来说,如果没有花、果等器官,鉴定其学名比较困难,甚至无法鉴定。

雌、雄异株的药用植物,雌株与雄株有时在外形上也有所不同,故在采集这种植物标本时应分别采集雌株和雄株,以便鉴定。对于一些以地下茎(如鳞茎、块茎、根状茎等)作为鉴定依据的科属,如百合科、石蒜科、天南星科等,应特别注意采集其地下部分。

2. **采集草本药用植物**　应采带根的全草。有些植物基部的叶和茎上部的叶的形状不同,此时要注意采集基生叶和茎生叶。对于高大的草本药用植物,在采下后可先折成"V"或"N"字形,不要直折,应略扭转后折而不使茎弄断,然后再压入标本夹内;也可选其形态上有代表性的部分剪成上、中、下三段,分别压在标本夹内,但要注意编同一采集号,以备鉴定时查对。

3. **采集木本药用植物**　对于乔木、灌木等高大的药用植物,只能采取其药用植物体的一部分,但必须注意采集的标本应尽量能代表该药用植物的特征。如对于有花、果的植物,必须采集具有花、果的枝条;有刺的植物,必须采到有刺的部分等。最好拍一张该药用植物的全株照片,以弥补标本的不足。

4. 采集水生药用植物　水生植物标本,应采集到沉水叶和浮水叶。水生植物提出水面后很容易缠成一团,不易分开。遇此情况,可先用硬纸板从水中将其托出,然后将其连同纸板一起压入标本夹内,以保持形态特征的完整性。

5. 采集寄生药用植物　应注意连同寄主一起采下,并要分别注明寄生植物及寄主植物。桑寄生、菟丝子等标本的采集就是如此。

6. 其他注意事项　有些药用植物一年生新枝上的叶形和老枝上的叶形不同,或者新生的叶有毛茸或叶背具白粉,而老叶则无毛、无白粉,此时就必须注意采集幼叶和老叶。对于一些先花后叶的药用植物,在采花枝后,应待叶长出时在同株上采带叶和花(果)的标本。由于很多木本药用植物的树皮颜色和剥裂情况亦是鉴别药用植物种类的依据,所以在取木本药用植物标本时,应剥取一块树皮附在标本上。

(四)认真做好野外记录和编号

在野外采集药用植物标本时,要及时、认真地进行野外记录和编号。药用植物的产地、生长环境、性状、花的颜色和采集日期等,对标本的研究和鉴定有很大的帮助。因此,在野外采集标本时,应尽可能地随时采随时记录和编号,以免过后遗忘。对于根、茎、叶、花、果实等项,应重点记录标本压干后容易改变的性状,如质地、气味、颜色、乳汁、腺体、易脱落的毛茸等。同一植物,野外记录表(图4-4)的编号和号牌上的编号要一致。同时、同地采集的同种植物编为同一个号;在不同地点、不同时间采集的同种植物,要另编一个号。在野外编的号应前后连贯,不能因为改变地点或时间,就另起号头。

```
采集人:_____  采集号:_____
采集日期:_____ 年 _____ 月 _____ 日
采集地点:_____ 省 _____ 县(市,区) _____ 镇(乡) _____ 村 _____
经度:_____ 纬度:_____ 海拔:_____ m
植被类型:_____ 土壤:_____
生态环境:_____ 习性:草本( )灌木( )乔木( )藤本( )
资源类型:野生( )栽培( )  出现度:多( )一般( )少( )偶见( )
株高:_____ m  胸高直径:_____ cm
根:_____ 茎(树皮):_____ 叶:_____
花:_____ 果实和种子:_____
科名:_____ 植物名:_____
学名:_____
别名:_____ 药材名:_____ 入药部位:_____
用途:_____
材料/份数:腊叶标本( )液浸标本( )遗传材料( )
活体植株( )果实/种子( )花粉( )药材( )照片( )
利用现状:_____
受威胁状况:_____
备注:_____
```

图 4-4　标本野外采集记录表式样(7cm×10cm)

此外,在野外工作中,对有关情况的调查访问(如对当地植物的地方名、利用情况和有毒植物情况的调查访问)也是很重要的,所以应认真记录和整理这些实际资料。

第二节　药用植物标本的类型及制作程序

一、药用植物标本的类型

根据植物标本的处理和保存方法进行分类,药用植物标本目前主要有以下几种。

(一)腊叶标本

腊叶标本是采集带有花或果实的药用植物的一段带叶枝,或带花或果的整株植物体,将之在标本夹中修整、压平、干燥后,消毒装贴在台纸上,并附上野外采集记录、鉴定标签等资料而制成的一种干制植物标本,是教学、科研、学术交流等活动中不可替代的实物资料。腊叶标本是植物标本中最为重要的一种,其中"腊"字,有风干后而制成的含义。此类标本制作较容易,体积较小,一般各大标本室皆采用此类标本。

(二)浸制标本

浸制标本是用化学药剂制成的保存液将植物浸泡制成的标本,也称液浸标本。它能有效地保存植物的根、茎、叶、花、果实等多种器官的原始形态,色泽自然、形态逼真,能较长时间保持原色泽不变。此类标本制作麻烦,费工、费料,且需用大量的空间及容器来保存。

(三)立体腊叶标本

立体腊叶标本是将植物体用干砂或硅胶包埋,并不断更换掉变湿的砂粒和硅胶直至植物体完全干燥而制成的标本,能保持原植物的生活状态。

二、常见药用植物标本制作程序

主要介绍腊叶标本和浸制标本的制作方法。

(一)腊叶标本制作程序

1. 压制和整理标本　采集后应及时压制标本,当天晚上就应更换一次干纸,同时对标本进行整理。第一次整理最为重要。此时标本已在标本夹内压了一段时间,便于按要求进行各部位的整理,如果等标本快干时再进行整理则容易将标本折断。整理时要尽可能保持植物原有的正常生长状态,并使少数叶片背面向上,以便观察叶的正、反面的特征。落下来的花、果和叶,要用纸袋装起来和标本放在一起。标本中间隔的纸多一些,标本就压得平整,而且干得也快。前3天每天应换2次干纸,以后每天换1次即可,直至标本完全干燥为止。

在换纸或压标本时,植物的根部或粗大的部分要经常调换位置,不可集中在一端,以免出现高低不均的情况;同时要注意尽量把标本向四周放,不要将其都集中在中央,否则会出现周边空而中央高的情况,而使标本压不好。在压标本或换纸时,要尽量使各标本按编号顺序排列,并在标本夹上注明其中有几号到几号的标本,以及其采集的日期和地点,这样做既有利于将来查找,又有利于及时发现在换纸过程中丢失的标本。

换纸时还应注意,一定要换干燥而无皱褶的纸,因为纸不干吸水力就差,有皱褶就会影响标本的平整。对于体积较小的标本,可以数份压在一起(同一编号的),但不能把不同种类的植物(不同编号的)放在一张纸上,以免混乱。对于一些肉质植物,如景天科的一些植物,在压制时,需要先放入沸水中煮3～5分钟,然后再按一般的方法压制,这样处理可以防止落叶。对于含水多的植物,最好分开压,并增加换纸的次数。

2.消毒标本　标本压干后,一般要进行消毒。因为常有虫子或虫卵在植物体内部,如不消毒,标本会被蛀蚀破坏。常用的消毒方法有以下几种。

(1)升汞浸涂法。首先配制酒精升汞($HgCl_2$)溶液。将升汞2～3g,溶于1000ml 70%酒精中即成。将消毒液放在大的搪瓷盘中,再将压干的标本放入其中浸泡约5分钟,然后用竹夹子夹起,放在干的吸水纸上吸干;或者用喷雾器直接往标本上喷消毒液。经消毒的标本,要放在标本夹中再压干,才能装上台纸。

(2)气熏法。把压干的标本放在消毒室或消毒箱内,将敌敌畏或四氯化碳、二硫化碳混合液置于玻璃器皿内,放于消毒室内或消毒箱内,利用药液挥发气熏的方法杀虫,约3天后取出即可。

(3)低温消毒法。将压干的标本捆成一叠一叠,放到低温冰柜(−30～−18℃)中冰冻72小时,即可起到杀菌消毒作用。

前两种方法采用的是剧毒药品,故使用时须加注意,在消毒操作过程中必须戴上合适的防毒面具、口罩和手套,结束后要及时洗手,以免中毒。

3.装订　先将白色台纸(白板纸或卡片纸8开,约为39cm×27cm)平整地放在桌面上,然后将消毒好的标本放在台纸上摆好位置,且要注意在右下角和左上角留出贴定名签和野外记录表的位置。将标本固定在台纸上有多种方法,如胶着法、纸条固定法、线订法等,或者混合使用。常用方法是:先把植物标本的背面用毛笔涂上一层胶,将标本贴于台纸上,再用纸条和线固定标本较粗的茎、根、果实和种子。凡在压制中脱落下来的部分,应将之装入透明袋贴于台纸的一角,或按自然生长情况装订于相应的位置上。

标本做好后,鉴定标签(图4-5)应贴在台纸的右下角;野外记录表可以整体保存,也可以取下来贴在对应标本的左上角。

图4-5　鉴定标签式样(10cm×7cm)

(二)浸制标本制作程序

将采集的标本先用清水洗净污泥,经过整形后放入保存液中,如标本浮在液面,可用玻璃棒暂时固定,使其下沉,待细胞吸水后其会自然下沉。浸制标本的制作关键是保存液的配制。保存液一般分为两种,即普通浸制标本保存液和原色浸制标本保存液。

1.普通浸制标本保存液　适用于不要求保存原有色泽的标本的制作,常用的保存液有以下几种。

(1)甲醛液。由40%甲醛5～10ml、蒸馏水200ml配制而成。

(2)乙醇液。由95%乙醇100ml、蒸馏水195ml、甘油5～10ml配制而成。

(3)FAA固定液。由70%乙醇90ml、40%甲醛5ml、冰醋酸5ml。

2. 保色浸制标本保存液　适用于要求保持原植物原有色泽的标本制作。其保色的原理为：新鲜的植物材料在浸泡过程中发生一系列的化学反应，可以替代产生植物原色的相似颜色。如此即可保存其原有色泽。原色标本的制作方法较为复杂，几种常用的保色方法如下。

(1)绿色标本保存法。适用于各种绿色果实、绿色枝条和幼苗标本制作，主要有以下 3 种方法。

①将醋酸铜 10～20g 溶于 10ml 的 50%醋酸中，加水稀释 3～4 倍，加热至 70～80℃，放入标本并翻动 10～30 分钟，至标本的绿色消失后又重新恢复。取出标本，洗净药液，放入到 5%～6%甲醛溶液中即可。

②用硫酸铜饱和水溶液 75ml，加 40%甲醛 50ml，再加水 250ml 配成药液，把标本放入药液 10～20 天，待标本绿色消退又恢复绿色后，取出标本，洗净药液，保存于 5%～6%甲醛溶液中。

③对于较大未成熟的果实，可将之放入到硫酸铜饱和溶液中 2～5 天，等到绿色稳定后取出，洗净；把标本放入 0.5%亚硫酸溶液中 1～3 天，取出，再放入到 1%亚硫酸溶液中，加适量的甘油即可长期保存。

(2)红色标本保存法。试剂的配制和标本制作步骤有以下 2 种方法。

①将植物材料浸入由硼酸 1g、1%甲醛 100ml、水 100ml 配成的处理液中，根据植物来定浸泡时间。一般 1～3 天即可着色。取出后放入由 1%亚硫酸和 20%硼酸按 1:1 比例配成的保存液中保存。

②对于有红色果实的材料，可采用以下的方法。取 5%甲醛 4ml 和硼酸 3g 溶解在 400 ml 水中，配成处理液。将材料洗净后浸入其中，通常在 1～3 天后果实变成褐色时取出。将 10%亚硫酸 20ml 和硼酸 10g 溶解在 500ml 水中，配成保存液，用注射器向果实内注入少量保存液，以防止果实内部腐烂。注射后再将果实浸入该保存液中，使果实逐渐恢复红色。

(3)紫色标本保存法。对于紫色果实标本的保存，如葡萄、茄子等标本的保存可采用此法。将 40%甲醛 50ml、10%氯化钠水溶液 100ml 和水 870ml 混合，经沉淀、过滤后制成保存液。先用注射器往标本里注射少量保存液，再把标本直接放入保存液里保存。

(4)黄色标本保存法。各种黄绿色果实标本的保存皆可采用此法。将洗净的果实浸入 5%硫酸铜溶液 1～2 天，取出果实在 6%亚硫酸 30ml、甘油 30ml 和 95%酒精 30ml 的混合液中加入水 900ml 配成保存液。在果实周围用注射器注入少量保存液，然后将注射过保存液的果实浸入保存液保存即可。

3. 浸制标本的封瓶方法　将经过整形的标本，放置在保存液中保存，并将瓶口密封的目的是防止保存液挥发和标本发霉变质。常用封口方法主要有以下几种。

(1)石蜡法。将石蜡切碎，放在容器内隔水加热，使之熔化成液体状态，趁热用毛笔涂在瓶口与瓶盖连接处。石蜡凝固点高，在室温下很快就能凝固，因此，必须边加热边使用。隔水加热不仅安全，而且有助于保温。

(2)松脂、蜂蜡、石蜡混合法。1 份石蜡、4 份蜂蜡、1 份松脂混合隔水加热熔化后，趁热用毛笔蘸取封口。此混合物固化后，软硬适度，不易脱落。

(3)透明胶带纸法。此种方法常用于方形标本缸的封口。方形标本缸的盖子是一块玻璃板，常由于缸口不平，而不能盖得十分严密，即使用石蜡等也不容易密封，而用透明胶带纸封口，则效果较好，且既干净、透明，又美观。使用时必须将标本缸和缸盖擦干净。

第三节　药用植物标本的保管

一、腊叶标本的保管

(一)腊叶标本入柜和保存

腊叶标本经过杀虫后,如果数量不多,可以存放在木箱或纸箱内,并在箱内放入樟脑以防虫害;若在南方,还要注意保持木箱或纸箱干燥。如果标本份数较多,则要放入标本柜里,并在标本柜下方的抽屉里放入樟脑,或定期用消毒剂消毒。

用标本柜存放标本,不能杂乱无章,必须要按照一定的次序存放,科学管理,可以采用恩格勒分类系统整理,将科以下的各属、种按学名第一个字母顺序存放。此外,还要建立标本名录,对标本进行编号和登记。为了减少标本的磨损,应用牛皮纸做封套,并将标本按属套上封套,在封套的右下角写上属名,以便查找。

(二)腊叶标本防虫、防霉

入柜的腊叶标本是很重要的资料,要永久性地保存好。标本保存的原则是安全、方便使用,保存中的难点是防虫、防霉。

1. **标本的防虫**　为确保标本保藏的质量,或弥补上台纸前标本消毒的不足,腊叶标本入柜前可再次进行消毒。一般将等量混合的二硫化碳和四氯化碳放在敞口容器中,并将其与标本一起放在密闭的柜中,在缝隙处贴上纸条,隔 3～5 天再开启,通过药液挥发气熏达到消毒目的。

存放植物标本的每个柜、橱、盒中都必须放置适量的驱虫剂,以防止标本被虫蛀坏。一般常用的驱虫剂为樟脑精块,要求每年添加 1 次。平时应经常注意观察,一旦发现少数标本受到虫害,立即将之拿到标本室外灭虫。当发现虫害较多时,应进行药物熏蒸,方法如下:关闭窗户,打开标本柜、橱、盒,把二氯乙烷与四氯化碳以 3:1 比例混合,分别倒在几只搪瓷盘内,将盘放于标本柜顶上(药液蒸气比重大),离开标本室,关上门;熏蒸 24 小时后打开所有门窗,启动通风设备,或用电扇辅助通风,将盛有药液的搪瓷盘拿走并按相关规定进行处理。消毒期间操作人员必须戴防毒面具或双层口罩。等室内残留毒气散完后,工作人员才能进入标本室做整理工作。熏蒸最好在春末、秋季气温在 15℃ 左右时进行。因为温度过低,则药液不易挥发;温度过高,则室内墙壁、器具吸收药物蒸气过多而影响效果,且高温季节进行熏蒸容易发生中毒事故。

2. **标本的防霉**　标本室应选择在干燥通风的地方。梅雨季节时严禁开窗。应经常用除湿机保持室内干燥,防止标本发霉。平时最好不要打开窗户,只采光不通风。室内温度应控制在 23℃ 左右,湿度应保持在 75% 左右。标本室可安装空调来调控温度和湿度。

二、浸制标本的保存

(一)在阴凉避光处保存

浸制标本制好后会因阳光照射而褪色,因此,标本封口后,应尽快放在阴凉避光处保存。最好是存放在橱柜里,需要展示时将柜门打开,平时关上柜门,既避光又干净。

(二)及时更换保存液

制好的原色浸制标本,可能会由于标本体内还有一些色素陆续析出,而有些杂质分离出来,使保存液变色、变浊。因此,在标本制好后的 2 周左右,瓶口可暂时不密封,如出现上述情况,应及时更换保存液。以后最好每年更换 1 次。更换时,先用细胶管虹吸出原保存液,再沿瓶壁慢慢注入新鲜保存液。

由于制作保存液的药品多具有腐蚀性,植物标本在保存液中浸渍后,质地会变得脆弱,特别是花和叶子,很容易脱落。所以,浸制标本制好后,应尽量避免震动。

第五章　植物照片的拍摄及管理

第一节　植物照片的拍摄要求

随着数码拍摄技术和设备的普及,拍摄植物照片也成为药用植物学野外实践必不可少的程序。野外实践照片是利用现代摄影技术对植物形态特征及整个药用植物学野外实践过程进行的实时记录,不仅为植物鉴别提供了依据,而且是药用植物学野外实践记录的一种重要形式和主要成果。同时,它还是野外实践过程考核的重要资料。为了拍摄到合格的照片,现对照片拍摄提出如下要求。

一、拍摄工具的选取

野外实践拍摄植物照片时需要尽可能清晰地拍摄不同植物具有的特殊器官,以便于后期的鉴定和实验工作。野外实践选取拍摄工具时,学生可以使用智能手机或普通的数码相机。在条件许可的情况下,实践指导老师尽可能使用单反数码相机。虽然单反数码相机价格昂贵,体积大,比较笨重,随身携带不方便,操作起来比较麻烦(要求精确对焦,尤其是使用 M 档时,很多拍摄参数,如快门速度、光圈大小、白平衡的调节、测光方式等,需要使用者自己手动设定),成像效果不及普通的数码相机直接、通透,但是它却拥有普通数码相机和手机无法比拟的优点。单反数码相机的优点为:具有强大的对焦系统,连拍速度高,取景精确,拍摄者可以通过取景器直观地看到拍摄对象的影像,而且看到的影像与拍摄出来的效果相同;快门时滞短,传感器大,景深小,易突出主体,成像质量高;有丰富的镜头可供选择、更换,配件也多,更利于专业人士拍出令人惊叹的高精细画质的照片。

现对单反数码相机的构件、主要辅助器材以及使用方法做简单介绍。

(一)单反数码相机的构件

单反数码相机结合了微电子技术、计算机技术、人工智能技术及光学技术,是一种光、机、电一体化的产品。其主要功能包括自动曝光、自动测光、自动聚焦、自动识码、记忆、多功能变焦、防震、信息显示及闪光、声控曝光、发生警报等,能最大限度地满足野外实践中植物照片拍摄的需求。其主要部件包括感光元件、镜头、滤色镜、闪光灯、LCD 驱动器、A/D 转换器、液晶显示屏、存储卡、电池等。单反数码相机取景、拍摄都用一个镜头。为了实现光学"实时"取景,镜头后面机身内有一片反光镜,取景时镜头的光线反射到取景屏上,拍摄时反光镜抬起,光线照射到焦平面上。

（二）单反数码相机的主要辅助器材

1. 摄影布　野外拍摄的环境复杂，有些药用植物的伴生种和拍摄主体的颜色形态非常接近，此时为更好地突出拍摄主体，可使用摄影布作为背景衬托，这样效果更好。选用摄影布时，最好选用不反光的纯蓝色和红色，因为大部分植物是绿色的。

2. 野外记录本　野外记录本是对野外拍摄照片的有效补充。通过记录照片号、标本采集号、采集时间、采集的精确地理位置，可使拍摄的照片和标本有效联系，有利于后期鉴定标本及整理照片。

3. 标尺　为使拍摄的照片之间有比较的依据和度量标准，通常会在拍摄过程中加入标尺。

4. 三脚架　三脚架的主要作用是稳定相机，以达到某些摄影效果。比如在拍摄夜景，或微距拍摄，甚至是拍摄带涌动轨迹的图片的时候，曝光时间长，数码相机不能抖动，此时就需要借助三脚架来稳定相机。

（三）单反数码相机的使用方法

使用前首先把镜头盖上的卡扣两端向内小心推下，打开相机开关，根据显示屏的提示手动设置拍摄参数。直接转动相机控制转盘选择拍照模式（如 Av 档、Tv 档、P 档等），根据显示屏的提示调整快门速度，按住液晶屏右上角的按钮，同时转动转盘调整光圈大小。相机机身上有个 ISO 按钮，按下后，可根据方向键设置感光度值；在找到合适感光度值后，要按下 SET 按钮确定。设置好后，把眼睛贴近取景窗，瞄准被拍摄对象，半按快门按钮，听到"嘀"一声响时，对焦完成。当然，还可以通过触摸液晶监视器选择对焦点，如果要让拍摄对象处于图画的其他部位，但是又不想失去拍摄物的焦点，那么就持续半按快门，移动相机，等到框选景物合适后，将快门全部按下去，最后对焦，释放快门，完成拍摄。

除了单反数码相机外，有时为了方便随身携带，用功能强大的高端手机拍照也是理想的选择。但使用手机拍照时要注意提前设置好对焦模式，否则容易造成拍摄对象的主体模糊。有时可以选择延时拍照，如把手机相机设定为延时 5 秒，按下快门 5 秒后相机拍照，这样图片模糊的难题也就迎刃而解了。

二、拍摄照片的内容要求

为训练专业摄影学习者对构图、色彩及光影的感觉，摄影初学者通常会被要求从不同角度拍摄同一物品。野外实践拍摄虽然不要求拍摄者有较高的专业技术水平，但仍需要拍摄者找到最好的角度，尽可能从拍摄内容、构图及色彩等方面全方位地呈现野外植物的特征、生境的地形地貌以及植被类型，使之真实反映药用植物尤其是地上部分的整体生长特征。如果仅有一张照片，即使是经验丰富的专家也只能大致地判断其是属于哪一类的植物，或者是哪个科的植物，很难详细地分辨植物类别，甚至有时做出错误的判断。大量详细的细节照片，可提供很多的判断信息，容易让专家对植物种类做出比较准确的判断。

不同的药用植物器官在植株上的生长都具有一定的规律性，如枝条上芽的类型有鳞芽和裸芽；叶分为单叶和复叶，叶序有簇生、对生、互生、轮生等；花序有头状花序、穗状花序、总状花序等；果实的类型有蒴果、荚果、角果等。这就要求拍摄时尽可能地反映植物最自然真实的一面，以便于后期鉴别植物的科、属、种。每种药用植物都有自己的特性，拍摄的照片应该具有"与自然本身相等同"的忠实性，能够体现植物自身的每一个特征。拍摄之前，我们必须考虑拍摄对象的主要特征、光线的方位、色彩的运用、构图方式等。拍摄照片时要尽可能地保证植物的完整。利用详尽的图片记录植物特征，对于后期鉴别植物非常重要。有时候或许仅仅是缺少一个微小的细节，或者一张花托的细节，就会导致植物鉴别无法顺利进行下去。

(一)苗期药用植物的拍摄要求

拍摄处于苗期的药用植物时，要首先拍摄植株的整体照，然后再拍摄局部照，而在局部照中应重点突出叶片的颜色、叶形、叶序、叶缘等的特征。如拍摄龙牙草时应该突出复叶上的小叶大小相间排列的特征；拍摄玉兰时，应该突出其叶的上面深绿色较光滑、下面淡绿色且被柔毛的特征；拍摄蒲公英时，应该突出叶基生、叶缘深裂、植株含白色乳汁的特征。对于地下根茎特征明显的药用植物，还需要用工具把地下根茎挖出、洗干净后拍照，且有时还需要拍其断面。如拍摄何首乌时，从地上藤茎的特征很难想象地下块根的特征，当把地下块根挖出、洗净、切断后，断面上云锦花纹的特征则十分明显。拍摄鸢尾和射干时，若没遇上花期，仅从地上部分不易区分二者，但挖出地下根茎、洗净切断后，会发现鸢尾根茎的断面是白色的和射干根茎的断面是黄色的，如此则很容易区分二者。

(二)花、果期药用植物的拍摄要求

拍摄处于花、果期的药用植物时，除了要拍摄植株的特征，更应重点突出花、果等局部器官的特征。如拍摄茄科植物洋金花时，应该突出其漏斗状花冠；拍摄十字花科植物荠菜时，应突出十字花冠、总状花序和三角形的短角果等特征；拍摄伞形科植物白芷时应突出伞形花序、双悬果的特征。有时还需要将果实打开，对种子进行局部放大拍摄。如菊科是被子植物中的第一大科，分属的依据是总苞片，所以拍摄菊科植物时，一定要拍摄总苞片。紫菀属、马兰属、狗娃花属植物，正面区别不明显，但从背面看苞片，就比较容易区分：紫菀属，花苞长，苞片不呈覆瓦状排列；马兰属的苞片很干净，覆瓦状排列；狗娃花属的苞片密被茸毛。

(三)树形较大的乔木类植物的拍摄要求

拍摄树形较大的乔木类植物整体影像时，很难凸显局部特征，而最好的办法就是取其中一枝有花、果的带叶枝进行拍照，同时重点拍摄局部特征。一般在拍摄植物全貌之后，进一步拍摄乔木类植物的主干，尤其是树皮特征，如树皮的外形、颜色、断面、皮孔、纹理及其他附属结构等。有时可以将树皮割开一小块拍摄，以便于观测树皮内部的颜色和结构特征。以黄檗为例，树龄较大的树皮有厚木栓层，呈浅灰褐色，有不规则的网状开裂，树皮内部鲜黄色，味苦。

三、拍摄的原则及拍摄照片的分类

植物摄影不同于艺术花卉摄影，其目的是真实记录和再现植物自然生长状态下的形态特征。野外植物拍摄要从形态上记录植物特征，故除拍摄全株、群落、生境外，还应尽可能全面地表现根、茎、叶、花、果实、种子的细节特征。因此，真实地再现是野外植物拍摄的首要原则。其次，抓住典型特征也是野外植物拍摄的重要原则，通常先选择正常生长的具有代表性的健康植株，再选择具有典型鉴别特征的健康器官进行拍摄。最后，要全面记录形态也是野外植物拍摄的原则。

拍摄的照片主要包括植物生境照、植物群落照、植物整体照、植物局部照及工作过程照等。

(一)植物生境照

植物生境照要能反映植物生长的大环境，反映地形和地貌特征。如平原与丘陵、农田与森林等。

(二)植物群落照

不同的植物所处的群落结构不同。植物群落照要能反映群落特征。

(三)植物整体照

植物整体照是植株全貌的写真,但是往往只能拍摄到大多数药用植物的地上部分的器官。

(四)植物局部照

植物局部照通常是指有特征的器官部位的照片,包括根、茎、叶、花、果实等的照片。如凤仙花的绿色苞片、唇形花冠及狭长的细距的照片。

(五)工作过程照

工作过程照是能够反映实践现场的图片资料,包括实践人员、实践地点的标识牌、实践往返路上见闻、实践场景、标本压制、实践考核过程等的照片。

四、拍摄的方法与技巧

好的拍摄方法是野外实践中提高植物图片质量的关键条件。植物摄影构图的原则要能表现植物的鉴别特征。通常运用黄金分割、三角形、"S"形等不同的视角构图,再结合主体表现及环境陪衬等方法体现主体植物的有鉴定意义的器官特征,且确定拍摄主体后,还要适当调节拍摄的色彩明暗、光线的方位、画面影调等。现从以下几方面分别讲述拍摄的方法与技巧。

(一)合理的线性构图方式

采用合理的线性构图方式是拍摄的关键。"线性"是一种视觉现象,是构图的基本视觉要素,在构图中可以分割画面,产生节奏,表达多种象征性功能。同时,其更是体现照片质量的重要影响因素。下面介绍几种在实际拍摄中,运用普遍的线性构图方式。

1. 三分法构图　三分法构图是常见的基本线性构图方法之一,它采用 4 条直线,将画面分割成 9 个相等的方格。拍摄时,将画面中的主体放在框架线上,可使画面主体鲜明、简练。目前,绝大多数的数码相机及智能手机的照相机都有内置的方格辅助构图线。

2. 对角线构图　对角线是四边形照片中最长的线条,拍摄者根据画面的形状大小设定对角线,并参考对角线的位置确定被拍摄对象的位置,可使拍摄的照片具有较强的层次感和立体感。

3. 黄金分割构图　黄金分割构图法的基本理论源于黄金比例1:1.618。引入黄金分割构图的目的是使画面更和谐自然。把要表现的物体尽量聚放在黄金分割点处,更能吸引观赏者的注意力。

4. 框式构图　框式构图就是寻找一个适宜的框架,将拍摄主体置于框架内,通过框架前景把人的视线引向框架内的物体,从而使画面更严谨,更具有整体统一、主次分明的优点,更具有视觉冲击力的构图方式。框式构图也是比较常用的一种构图方法。

(二)巧妙地运用光线

野外实践植物照片的拍摄一般是在户外完成的,用到的多数是自然光。但自然光在同一天的每个时间段的光线强弱和性质也是存在差别的,日出时光线鲜明、日中时光线强烈、日落时光线柔和。因此,拍摄者要研究用光技巧,选择合适的视点,巧妙地运用光线,以带来更具风韵的美感。

1. 顺光　从单反相机方向照射到被拍摄物体的光线。

优点:能够真实地表现物体的线条、色彩、形态等,可以很好地还原植物的面貌,饱和度和透明度都较好。

缺点:顺光拍摄时容易受拍摄者或拍摄物体影子的影响,画面反差不大,层次感较弱。

2. 侧逆光　射向单反相机的,从被摄主体的后面射向被摄主体,与镜头光轴构成120°～150°夹角的光线。即光线来自照相机的斜前方,从被摄主体背后两侧照射出。

优点:画面层次感强烈,特别是拍摄植物器官时,立体感强,能准确、简洁地呈现野外植物的特征。

缺点:拍摄对象大面积的轮廓在暗处,要有适宜的背景衬托。

3. 逆光　就是从相机正前方,被摄植物正后方照射出的光线。被摄植物恰好处于光源和单反相机之间。

优点:产生的强烈勾边效果,给视觉明显的轮廓冲击。

缺点:光源位置较低的时候易产生晕光,使拍摄对象模糊不清,会改变彩色照片的色调。

4. 顶光　从头顶90°方向照射出来的光线,出现在正午时间段。一般认为此光线不适合拍摄。

优点:很好地刻画被拍植物边缘的轮廓,突出诸如树叶和花瓣等的质感,并营造明朗、色彩丰富的气氛。

缺点:强烈的光线容易在被拍植物上造成阴影,使画面产生深黑色的影子,影响视觉美感。

(三)选择适宜背景并充分利用拍摄的辅助工具

背景是在拍摄主体植物的后面用来衬托主体植物的景物,其目的在于凸显主体的特征。对于野外拍摄的植物图片,仅有主体植物会显得单调,往往需要一个适宜的背景烘托主体植物。因此,野外实践拍摄的植物图片的背景不要太夺目,要简洁,色彩纯,亮度合理,不反光,不会对拍摄主体产生干扰,能强调主体所处的环境。

背景分为人工背景、环境背景、自身背景等。

人工背景:人为制造的背景,如实践时携带的背景纸、背景布等。

环境背景:可以根据室外的具体情况来自由选择,如可选择地面、天空、伴生植物等。

自身背景:以植物自身枝叶或同类植物的花、枝、叶为背景。

此外,拍摄时还可使用三脚架、偏振镜等辅助工具,提高照片的清晰度。

(四)设置清晰度并调整对焦方式

一般相机都有默认的设置,在大多数情况下是可以直接使用的,但默认的清晰度并不是最高的,故使用前需要手动设置。相机选项里会有点对焦、多重对焦、跟踪对焦等,拍摄者在拍摄过程中应根据拍摄对象选择合适的对焦方式。如拍摄小的东西,像一朵小花或花蕊时,选择点对焦;拍摄全景时选择多点对焦。这样拍出的画面会更好。跟踪对焦是拍摄动态物时用的,野外实践过程中较少用到。

五、照片拍摄中常见问题与处理

问题1:相机抖动是照片拍摄中常见的问题之一,根据发生的原因,一般采取以下几种解决方法。

(1)采用三脚架架起相机,把相机的抖动降到最低。

(2)保持正确的站立姿势,避免身体的前倾或后仰,防止身体失衡影响双手的稳定。

(3)双手正确地握持相机。

问题2：拍摄的图片颜色失真，往往会导致后期的鉴定困难，遇到此种情况，可以重新手动设置白平衡，在相机中找到白平衡图标，根据不同的拍摄场景更改白平衡。

问题3：拍出的照片明暗区域不合适，则会出现曝光过度；如果聚焦不好，则照片虚化、模糊。尤其对于较小的器官，很难拍摄出鉴别点。解决此问题最好的办法就是使用微距拍摄。对于较大的植物器官，可以调整相机镜头和光圈大小，将拍摄器官从背景中凸显出来。此外，还可以手动设置调整快门速度及画面的曝光效果，提高照片的质量。

第二节　植物照片的管理

植物照片管理是野外实践资料管理的关键内容。因为受时间、环境和光线的影响，室外拍摄过程中可能会出现很多不合格的照片，如照片模糊、照片中出现一些无关的景物、照片色调不佳等，而且照片众多，所以对植物照片进行整理、归档、利用和永久保存是野外实践后期植物照片管理的主要工作内容。

一、照片管理软件概述

目前网上有许多图片管理软件，像谷歌相册、Gleaner by Gallery Doctor 时光相册等。它们都具有很多高效的图片管理功能，如对图片进行标签、标注，建立智能文件夹，自动排除重复图片，进行颜色及形状筛选等。简单介绍几种图片管理软件。

（一）谷歌相册

除了无限容量的同步功能外，智能是它最大的特色。它可以识别照片中的人脸、景色和事件并自动对其进行归类，还可以对照片进行自动整理，非常便捷。

（二）Gallery Doctor

Gallery Doctor 是一款智能的相册清理软件，通过智能模式准确地识别图库中的重复和模糊不清的照片，高效地清理图库。

（三）时光相册

时光相册是一个非常方便的照片管理软件，具有很好的节约拍摄工具存储空间的效果。当拍摄工具尤其是手机空间不足时，无须通过删除照片释放内存，可将大量的图片传到时光相册云端。

二、照片管理常见方法介绍

野外实践拍摄的照片包括植物生境照、群落照、整体照、工作照等。每种植物至少有5张以上的照片，在这些照片中，有的照片质量较好，有的模糊甚至拍摄主体不明确。形形色色的植物照片在丰富了野外实践成果的同时，也给照片档案的管理、利用等带来了一系列的困扰。通过计算机网络技术对植物照片归类整理，建立一套行之有效的照片管理方法，有利于照片的快速查询，便于植物鉴别及教学研究利用。

（一）按层级建立文件夹并进行规范的命名

野外实践照片常以数码相机默认名保存，实践结束后不能及时进行规范化整理与著录，是目前野外实践照片管理过程中存在的极大弊端。

通过建立有序的文件夹层次，规范科学地命名文件夹，可使海量照片的管理工作变得简单轻松。分层的方法一般可根据自己的分类逻辑和喜好确定。现以大别山野外实践图片为例说明之。

最外层文件夹:大别山野外实践植物图片

第二层文件夹:2016—2018 年大别山野外实践图片

第三层文件夹:2016 年大别山野外实践植物图片

2017 年大别山野外实践植物图片

2018 年大别山野外实践植物图片

第四层文件夹:2016 年大别山野外实践所有植物图片

2016 年大别山野外实践重要植物图片

第五层文件夹:菊科植物图片

毛茛科植物图片

芸香科植物图片

把大量的照片一层层地分类到不同的文件夹中,如可先按年份、图片质量、拍摄对象等分类后,为防止意外丢失,再精选出来一些不错的照片分别在电脑、移动硬盘及一些可存照片的APP 进行多次不同程度的备份。

文件夹的命名要科学规范,每个母文件夹的名称要能包含其内所有子文件夹的照片范围。这样可方便阅览者快速地寻找照片,使以后的查找和阅览更高效。

(二)筛选修图和整理

照片拍好之后,要利用数据线或把 SD 卡插入电脑,把所有照片导入电脑,以便进行筛选、修图和整理。因需要对每张照片进行仔细观察、标注标签,所以这个过程非常费时费力。全部阅览后,利用筛选功能,把标注为模糊不用的照片全部删除。

精修图片最传统的方法是用 Adobe Photoshop,简称"PS"。其是一款功能强大的图像处理软件,可以对已有的图像进行编辑、合成、校色、调色等加工处理;可以对图像做各种变换,如放大、缩小、旋转、倾斜、镜像、透视等;可以对照片进行修复;还可以通过合成处理,修补图像的残损,提升画面的质量。

图片精修后要及时整理,单独建立文件夹储存。若将精修的图片和原图片保存在一起,仍会很混乱。

(三)充分利用标签功能对照片进行分类和分等

如果需要对照片进行进一步的分类,可以使用 Bridge、尼康 NX2、Lightroom 等软件对照片进行分类和分等,采用红、黄、蓝三种不同的标签颜色标明照片的等级。使用时还可以用标注的关键字在不同的文件夹中进行搜索。

三、照片不同保存格式的优缺点

照片文件格式不同,会对照片的大小、压缩及质量产生不同程度的影响。常见的照片保存格式有 JPEG、GIF、PNG 和 BMP 等,其中 JPEG 和 GIF 是主流图像格式。根据是否会对照片产生损害,可将照片的压缩分为有损压缩和无损压缩两种。有损压缩一般会在压缩过程中丢失照片的部分像素,降低照片质量,从而影响对植物的鉴别判断。其优点在于文件小,传输速度快。无损压缩在压缩过程中,不会改变照片的像素,能保证照片的质量。其缺点在于文件太大,传输速度慢。现对 JPEG、GIF、PNG 和 BMP 等格式的优缺点总结如下。

JPEG 即 JPG 格式,照片以 24 位颜色存储单个位图。其优点是体积小巧,并且兼容性好。JPG 格式不仅是一个工业的标准格式,而且是 web 的标准文件格式。其体积小,可节省了大量的空间,但是后期处理过程中经 JPEG 格式转换后照片质量明显受损。

GIF 全称 Graphics Interchange Format,是一种基于 LZW 算法的连续色调的无损压缩格式。其优点是体积小,传输快,支持透明背景。在一个 GIF 文件中可以存放多幅彩色图像,甚至可以存放一种简单的动画。由于整个文件中只存在 256 种不同的颜色,所以 GIF 格式的照片质量较差。

PNG 由一个 8 字节的 PNG 文件署名(PNG file signature)域和按照特定结构组织的 3 个以上的数据块(chunk)组成,分为 8 位、24 位、32 位三种形式,其中 8 位 PNG 支持索引透明和 alpha 透明,24 位 PNG 不支持透明,32 位 PNG 可展现 256 级透明程度。其优点是具有丰富的色彩,无损压缩是可选择的、压缩比高,文件所占空间小。

BMP 全称 Bitmap,是 Windows 操作系统中的标准图像文件格式。它采用位映射存储格式,除了图像深度可选以外,不采用其他任何压缩。一般的 BMP 图像文件主要由位图头文件数据结构、位图信息数据结构、调色板、位图数据四部分组成。其优点在于压缩过程中,不损害照片像素,照片质量好;在 Windows 环境中运行的图形图像软件都支持此图像格式。但是由于文件过大,传输慢,其非常不利于网络应用。

第三节　植物照片的 GPS 航迹管理及定位

全球定位系统(GPS),是以全球 24 颗定位人造卫星为基础,以 WGS-84 大地坐标系向全球各地全天候地提供三维位置、三维速度等信息的一种无线电导航定位系统。它是一项广泛应用于日常生活的技术,如用于车载导航、出行定位、土地测绘作业、矿产资源勘查等。它主要由空间部分、地面监控部分、用户接收机三部分组成。

一、GPS 轨迹记录方法及信号分析

GPS 作为一种可以实时追踪并记录野外植物照片拍摄轨迹状况的新工具,能够实时记录调查轨迹,将照片与空间位置相对应,定位精确,非常便捷。

野外实践出发前,打开 GPS 轨迹记录仪,拍照前,通过 GPS 定位,获得植物分布的经纬度及海拔等空间位置信息;一天工作结束后,将所得航迹以 GPX 格式导入电脑中配套的软件进行航迹与地图的整合;由于 GPS 航迹采用 WGS-84 大地坐标系,定向地图采用地磁北极作为北方,两者的角度存在差别,进行整合时,需根据当地实际情况,做出适当的调整,一般单点定位精度小于 10m。

GPS 轨迹记录方法实现了野外实践出行数据记录的智能化,能够自动记录完整准确的出行数据,相对于记录实践日志更具有真实性和完整性。

二、GPS 的发展与定位原理

GPS 的发展经历了从验证原理的可行性、研制与试验,到完善 GPS 系统、更新工作卫星的一个漫长的过程。

GPS 定位分为静态定位和动态定位,二者最大的区别在于接收机相对地球表面是运动的

还是静止的,动态定位可以实时显示测量点的坐标,但静态定位无法做到这一点。

　　每个太空卫星在运行时,任一时刻都有一个坐标值来代表其位置所在(已知值),接收机所在的位置坐标为未知值,而太空卫星的讯息在传送过程中,所需耗费的时间,可由比对卫星时钟与接收机内的时钟计算出,将此时间差值乘以电波传送速度(一般定为光速),就可计算出太空卫星与使用者接收机间的距离,如此就可依三角向量关系列出一个相关的方程式,获得使用者的位置。

第六章

药用植物学野外实践网络资源的利用

随着信息技术的快速发展和普及,网络资源的利用打破了传统获取资料信息的时空局限性,利用网络资源并快速掌握全新的媒介工具,是当前时期学习的必备技能。对于使用者来说,要想准确快速地找到所需资源,除了不断收集、研究学科相关网站,还须掌握一些检索工具与搜索引擎的使用方法与技巧。《中国植物志》移动设备终端应用软件及信息交流软件是当前药用植物学野外实践常用的资源,能提高学习效率,提升教学质量。

第一节 《中国植物志》及中国植物图像库

一、《中国植物志》

《中国植物志》是目前世界上最大型、种类最丰富的一部科学巨著,共 80 卷 126 册,5000多万字。它记载了我国 301 科 3408 属 31142 种植物的科学名称、形态特征、生态环境、地理分布、经济用途和物候期等。该书基于全国 80 余家科研教学单位的 312 位作者和 164 位绘图人员 80 余年的工作积累,历时 45 年艰辛才得以最终编撰完成。它是我国科学、教育工作者认识植物资源、鉴定植物种属、了解分布、利用和保护植物的重要工具书和权威资料。它是一部全面总结我国维管束植物系统分类的巨著,是迄今为止有关中国维管束植物的最为完整的基本资料,也是世界上篇幅最大的植物志。其英文修订版也正在出版中。

药用植物学野外实践过程中,需要学会依据植物分属、分种检索表辨识植物特征,认识常用药用植物种类,通过对照实体标本,逐一认识植物形态特征,使植物志上抽象的描述变成形象生动的具体性状;同时学会拉丁文索引和中文索引的查询方法。纸质版《中国植物志》查询烦琐且携带不方便,而电子版《中国植物志》则克服了这些缺点。通过互联网信息,在《中国植物志》电脑端或手机端即可查询植物信息,方便快捷。药用植物学的野外实践学习尤其需要掌握和熟练使用这一科学工具。

中国科学院植物研究所(系统与进化植物学国家重点实验室)主办的中国在线植物志(http://www.eflora.cn/)已于 2019 年更名为"植物界",并启用新域名 http://www.iplant.cn/,原有网站将逐步更新至新的体系下。其是国内最权威、最著名的植物专业网站,包含《中国植物志》、*Flora of China*、中国植物图像库及中国野生植物资源信息系统等,收载植物图片3522799 幅,植物标本 2012376 份,植物志 111234 条。其为用户提供了一个方便快捷的查询植物特征、中国植物标本及相关植物学信息的网络平台。

(一)网页打开

1. **域名** 输入域名 http://www.iplant.cn/打开网站,可直接进入网站首页,如图 6-1

所示。

图 6-1　植物界网站首页

2. 百度搜索网页　上述域名需要手动输入,容易出错,通过百度搜索关键字进入主界面更为方便快捷。在百度搜索栏中输入关键词"植物界"后会出现与植物相关的其他信息,因此需要输入关键词"植物界＋网站",限定搜索信息分类为网站。第一条信息即所需网站链接。

(二)网站分区

进入网页后,网站主界面显示最新的研究动态新闻,页面最下方提供相关网站的链接,如中国植物图像库、中国植物志、《中国植物志》英文修订版、中国野生植物资源信息系统和中国珍稀濒危植物信息系统等网页链接,如图 6-2 所示。

图 6-2　网站链接分区

(三)信息查询

打开中国植物志网站链接,进入网站。主界面由主页、卷册索引、学名索引、中文索引、分省名录、经济用途、高级检索及总论等部分组成。主页部分介绍了《中国植物志》收录的植物种类数目及编写概况,检索栏可通过药用植物的学名、异名、中文名及拼音进行检索,如图 6-3 所示。

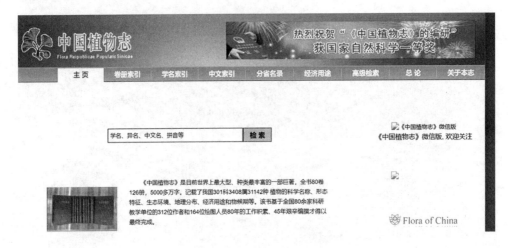

图 6-3　中国植物志网站首页

1. **主页搜索**　系统支持药用植物的学名和拉丁名搜索,在知道植物学名、中文名的情况下即可直接查询相关信息。如输入关键词"番红花",搜索结果界面如图 6-4 所示。

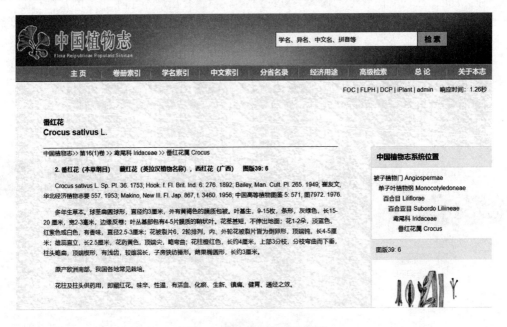

图 6-4　番红花主页检索界面

搜索结果首先显示植物中文名、拉丁名及其所在《中国植物志》的卷册(16 卷第 1 册)与科属系统位置(鸢尾科番红花属);其次在学名(番红花)或异名(藏红花、西红花)后显示最早收载该植物的本草书籍或文献资料;再次列举历史上番红花所使用过的拉丁名及其所在文献名,同时标注图版号(39:6);然后为主体内容,分别对番红花植物类型,外形整体特征,叶、花、果细节特征进行具体描述;最后说明产地分布情况、药用部位、药材名称及性味功效。

主页面最下方附有番红花的图片库,且标有拍摄者姓名、拍摄地点。点击图片可直接进入中国植物图像库,在这里可以看到番红花更详细的同植株或同居群的照片,并能查到照片的详细拍摄地图位点,如图 6-5 所示。

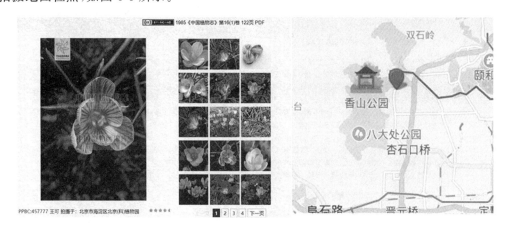

图 6-5 番红花图像库

2. 卷册索引 通过卷册索引,可以快速查看《中国植物志》1—80 卷的内容,在已知植物所在的卷册信息时,可快速查找相关资料。点击需要查找的卷册号,即显示所在卷册的科属名录。如点击 20(1),进入第 20 卷第 1 册的内容,所见科属名录如图 6-6 所示。其中有木麻黄科,三白草科,胡椒科与金粟兰科,每科目后有其所包含的属,如三白草科下显示有三白草属、裸蒴属与蕺菜属三个属。点击科名或属名,即可浏览详细的科属特征介绍。

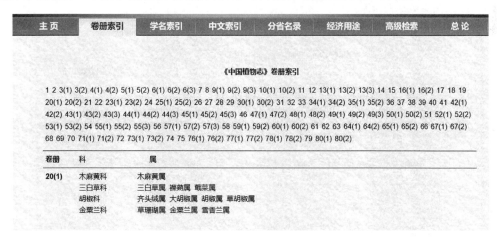

图 6-6 卷册索引界面

点击木麻黄科,可浏览此科植物的总体特征、分属、种类及主要产区,如图 6-7 所示。

木麻黄科
Casuarinaceae

中国植物志>> 第20(1)卷

1. 木麻黄科——CASUARINACEAE

乔木或灌木；小枝轮生或假轮生，具节，纤细，绿色或灰绿色，形似木贼，常有沟槽及线纹或具棱。叶退化为鳞片状（鞘齿），4至多枚轮生成环状，围绕在小枝每节的顶端，下部连合为鞘，与小枝下一节间完全合生。花单性，雌雄同株或异株，无花梗；雄花序纤细，圆柱形，通常为顶生很少侧生的穗状花序；雌花序为球形或椭圆体状的头状花序，顶生于短的侧枝上；雄花：轮生在花序轴上，开放前隐藏于合生为杯状的苞片腋间，花被片1或2，早落，长圆形，顶端常呈帽状或2片合抱，覆盖着花药，基部有1对早落或宿存的小苞片；雄蕊1枚，花丝在花蕾时短而内弯，开花时伸长将花被片推开，使花药伸出杯状苞片外，花药大，2室，纵裂；雌花：生于1枚苞片和2枚小苞片腋间，无花被；雌蕊由2心皮组成，子房小，上位，初为2室，因后室退化而成为单室，胚珠2颗，侧膜着生，并列于子房室基部，合，点受精，花柱短，顶生，有2条通常红色、线形的柱头。小坚果扁平，顶端具膜质的薄翅，纵列密集于球果状的果序（假球果）上，初时被包藏在2枚宿存、闭合的小苞片内，成熟时小苞片硬化为木质，展开露出小坚果；种子单生，种皮膜质，无胚乳，胚直，有1对大而扁平的子叶和向上的短的胚根。

1属*65种，主产大洋洲，伸展至亚洲东南部热带地区、太平洋岛屿和非洲东部。

下级分类

木麻黄属 Casuarina Adans.

图 6-7　木麻黄科信息界面

　　点击木麻黄属，可浏览此属植物的总体特征，同时可通过属下所附的检索表查询植物的具体种名，种名显示为蓝色字体，如图 6-8 所示。点击植物种名，即可浏览详细的植物照片与特征介绍。

木麻黄属
Casuarina Adans.

中国植物志>> 第20(1)卷 >> 木麻黄科 Casuarinaceae

1. 木麻黄属——Casuarina Adans. Adans. Fam. 2: 481. 1763.

乔木或灌木；小枝轮生或假轮生，具节，纤细，绿色或灰绿色，形似木贼，常有沟槽及线纹或具棱。叶退化为鳞片状（鞘齿），4至多枚轮生成环状，围绕在小枝每节的顶端，下部连合为鞘，与小枝下一节间完全合生。花单性，雌雄同株或异株，无花梗；雄花序纤细，圆柱形，通常为顶生很少侧生的穗状花序；雌花序为球形或椭圆体状的头状花序，顶生于短的侧枝上；雄花：轮生在花序轴上，开放前隐藏于合生为杯状的苞片腋间，花被片1或2，早落，长圆形，顶端常呈帽状或2片合抱，覆盖着花药，基部有1对早落或宿存的小苞片；雄蕊1枚，花丝在花蕾时短而内弯，开花时伸长将花被片推开，使花药伸出杯状苞片外，花药大，2室，纵裂；雌花：生于1枚苞片和2枚小苞片腋间，无花被；雌蕊由2心皮组成，子房小，上位，初为2室，因后室退化而成为单室，胚珠2颗，侧膜着生，并列于子房室基部，合，点受精，花柱短，顶生，有2条通常红色、线形的柱头。小坚果扁平，顶端具膜质的薄翅，纵列密集于球果状的果序（假球果）上，初时被包藏在2枚宿存、闭合的小苞片内，成熟时小苞片硬化为木质，展开露出小坚果；种子单生，种皮膜质，无胚乳，胚直，有1对大而扁平的子叶和向上的短的胚根。

我国引进栽培的本属植物约有9种，本志记载较常见的3种，其余数种因未见标本，暂不收载。

检索表　　　　　　　　　　　　　　　　　　　　　　　　　全部展开 重新开始

1　鳞片状叶每轮12-16枚，上部褐色，不透明；小枝直径1.3-1.7毫米，节韧难抽离，折曲时呈白腊　　粗枝木麻黄
　　色；树皮内皮淡黄色；枝嫩梢具明显的环列、外卷的鳞片状叶。

1　鳞片状叶每轮10枚以下；小枝直径1毫米以下；树皮内皮红色；枝嫩梢的鳞片状叶直或稍开展，
　　但不反卷。(2)

2　鳞片状叶每轮通常7枚，较少为6或8枚，淡绿色，近透明；小枝柔软，易抽离断节；果序长15-25　木麻黄
　　毫米；树皮内皮鲜红色或深红色。

2　鳞片状叶每轮通常8枚，较少为9或10枚，上部褐色，不透明；小枝稍硬，不易抽离断节；果序长　细枝木麻黄
　　7-12毫米；树皮内皮淡红色。

图 6-8　木麻黄属信息界面

3. **学名索引** 学名索引这一栏将植物拉丁名的首字母按照 26 个英文字母顺序进行排序,每个字母项下显示所有以该字母为首的植物属名和种名。如"A"字母项下显示的第一个拉丁名"Abelia"为六道木属,紧接其后的是六道木属下的植物种名,如"Abelia biflora",如图 6-9 所示。此检索项可在已知属或植物拉丁名的情况下快速查询植物信息,点击每个拉丁名可链接到该植物信息界面查看具体特征介绍。

图 6-9 学名索引界面

4. **中文索引** 中文索引按中文名称拼音首字母进行排序,与学名索引将属放在第一个位置,后面列举该属下植物种名不同的是,中文索引按照拼音首字母顺序显示,没有属名与种名的主次之分,如图 6-10 所示。在这里可通过属或植物中文名称拼音首字母快速查询所需信息,点击每个中文名称可链接到中国植物志网站具体信息界面。

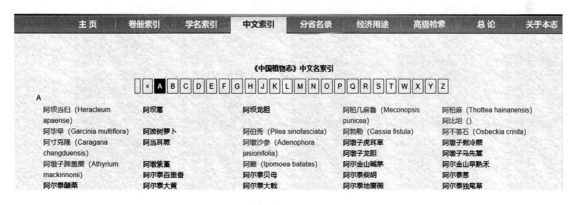

图 6-10 中文索引界面

5. **分省名录** 分省名录以中国的各个省、市、自治区为单位,统计出每个地区的植物科属信息。各省市名录主要由《中国植物志》、中国高等植物名录、植物名称及分布等数据综合而成,通过其可快速浏览不同地区的植物分布状况。点击地图上的区域可在网页左侧浏览该地区的植物科属信息。如点击"山东"和"广东",在左侧页面上显示均有"猕猴桃科",而"新疆"则没有这一科;再查看猕猴桃科下属的信息,可见"山东"猕猴桃科下只有猕猴桃属,而"广东"猕猴桃科下有猕猴桃属与水东哥属两个属,如图 6-11 所示。

图 6-11　省科属分类信息

6. 经济用途　此项下收载了一些有经济价值的植物属和种,包括可观赏、可食用及可药用的植物属和种。网页以表格的形式列了植物的中文名、拉丁名、功能等项,并简单介绍了功用。如"秋葵属"的植物花大而美丽,可供园林观赏用,且有些种类可药用或食用;"猴面包树"的未成熟果皮可食用。若要了解详细信息,则可点击"查看"链接到中国植物志网站该属或植物种的特征介绍界面。如图 6-12 所示。

| 主页 | 卷册索引 | 学名索引 | 中文索引 | 分省名录 | 经济用途 | 高级检索 | 总论 | 关于本志 |

食用(淀粉) | 药用植物 | 有毒植物 | 饲料(牧草)蜜源) | 纤维植物 | 用材树木 | 绿化观赏 | 油脂(精油)树胶)鞣质)

中国食用(淀粉)植物
(据《中国植物志》全书记载分析而得)

中文名	拉丁名	功用	查看
秋葵属	Abelmoschus	本属植物的花大而美丽, 可供园林观赏用; 有些种类入药或供…	查看
咖啡黄葵	Abelmoschus esculentus	种子含油达15-20%, 油内含少量的棉酚, 有小毒, 但经高温处…	查看
色木槭	Acer mono	6. 色木槭 (东北木本植物图志) 水色树 (中国树木分类学) ,…	查看
酸竹	Acidosasa chinensis	竿可供造纸或髓用; 笋可食用或加工成腌制品, 味酸, 故名酸竹。	查看
毛花酸竹	Acidosasa hirtiflora	竹材供编织, 篱笆等用; 笋可食用, 但略带苦味。	查看
福建酸竹	Acidosasa longiligula	竿可用作农田和园艺瓜架等; 笋可食, 味甜。	查看
猕猴桃属	Actinidia	猕猴桃在我国有文字记载的历史已有二、三千年。但作为一种果…	查看
软枣猕猴桃 (原变种)	Actinidia arguta var. arguta	原变种为本属本种中分布较广, 天然产量较大, 经济意义较大,…	查看
猴面包树	Adansonia digitata	未成熟果皮可食。	查看

图 6-12　经济用途界面

7. 高级检索　高级检索项下可以学名、中文名、别名、拼音及全文检索的方式进行信息检索。搜索时应注意输入的植物名称类别是中文名、拉丁名、别名或者拼音,同时需要在搜索栏下勾选。以番红花为例,在检索栏中分别输入中文名番红花、拉丁名 *Crocus sativus*、别名藏红花、拼音 *fan hong hua* 的检索结果,如图 6-13 所示,可见通过学名及汉语拼音能准确检索到植物种;通过中文名可检索到番红花、白番红花及番红花属;通过别名"藏红花"可检索到番红花和以"假西藏红花"为别名的吊灯扶桑;通过全文检索得到的信息较全,可显示番红花、白番红花及所在的科与属信息。读者可根据自身的需要,选择合适的检索方法。

图 6-13　高级检索结果界面

二、中国植物图像库

随着彩色照片尤其是数码照片的日益普及,2008 年中国科学院植物研究所国家植物标本馆将植物图片影像纳入标本馆的馆藏职能,建立了中国植物图像库,系统收集整理了植物影像资料,为植物识别和图书出版提供了图像支撑。中国植物图像库一方面收集专家以前拍摄的植物底片、幻灯片建立胶片库;另一方面建立了网站平台系统收集整理数码照片。需要注意的是,中国植物图像库中的植物图片多数是植物爱好者拍摄、命名并上传的,未经过专家鉴定,所以其中的图片只能供参考。

中国植物图像库(旧域名 http://www. plantphoto. cn/)已于 2019 年启用新域名 http://ppbc. iplant. cn/。中国植物图像库按照分类类群科、属、种分级进行呈现,收载了各类植物图片 467 科 4750 属 30545 种 4404747 幅,为药用植物的学习提供了宝贵的参考资料。

(一)打开网站

可通过地址栏中输入域名直接打开网站,也可以通过在百度搜索栏中输入关键词"中国植物图像库"打开网站。

(二)图片搜索

主界面提供搜索栏,可以通过植物学名、中文名、首字母进行检索,如图 6-14 所示。检索结果显示所在科属及简单的原植物特征描述,其主体内容是大量植物照片,且照片下标有拍摄者姓名及拍摄地点。

1. 学名与中文名检索　在检索栏内输入学名 Atractylodes macrocephala 或中文名白术,点击"检索图片",搜索结果显示植物白术所在的科属及植物特征介绍,附以大批量白术植物图片,且每一张图片下方标有拍摄者姓名及拍摄地点,如图 6-15 所示。点击任一图片,可浏览同一组植物的其他照片。

2. 首字母检索　中国植物图像库收载的不同种类植物照片有百余万张,且每天都在不断

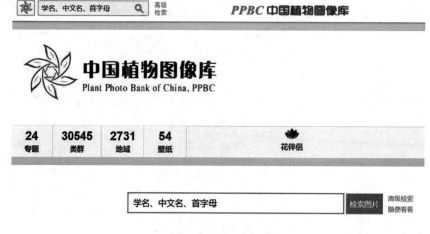

图 6-14　中国植物图像库网站首页

图 6-15　白术植物图像库

地增长,使用拼音首字母检索可以有效提高检索效率,提高网络平台响应速度,减少检索人员等待时间。另外,在无法进行中文拼写的媒体上,中文首字母检索提供了快速准确的检索路径。只要在标准题录信息表中添加要检索的中文拼音首字母字段,检索软件就会根据输入的拼音首字母找到匹配的标准信息,展现给使用者。例如,通过首字母检索在首页检索栏内输入"bz",搜索结果显示"斑竹""白芷""白术"等以"bz"为汉字拼音首字母的植物照片信息。输入"fhh",可得到413条番红花的照片信息,如图6-16所示。

野外实践是药用植物学理论知识在实际应用中的延伸和拓展,通过采集植物和观察植物各部分形态结构,可以把课本上的理论知识直观化和形象化,加深理解和记忆,从而巩固和提高理论知识。在野外,由于受到时间和空间的限制,单纯地依靠教师的讲解来认识各种药用植物,往往难以达到预期的效果。因此,需要借助专业植物分类网站与植物图片库来认识药用植物。在野外实践过程中,参考实践地区的药用植物名录,借助各类工具书,在网站中寻找能够

检索 fhh 共413条

图 6-16 番红花首字母检索界面

突出鉴别特征的植物图片,可使学生独立自主地完成药用植物的鉴别与学习,提高学习自主性。同时这也增强了学习的乐趣。另外,野外实践都被安排在一个特定的时间段内,然而不同的植物具有不同的物候期,这样就导致了实践期间很多植物不在花、果期,很难接触到它们的花、果、种子等主要鉴别器官。此种情况下,可以通过查阅中国植物图像库,补充很多植物的主要鉴别特征,弥补传统教学方式的不足。

第二节 植物识别软件的利用

2016 年我国颁布了《全民科学素质行动计划纲要实施方案(2016—2020 年)》,方案中提出"实施'互联网+科普'行动",指出"要建设科普中国服务云,实现科普信息汇聚、数据分析、应用服务、即时获取、精准推送、决策支持"。在"互联网+科普"大背景下,各类科普媒体利用网络及大数据,大力开展有效、及时、精准、深入的科普。植物类科普手机应用应运而生,如花伴侣、形色、花帮主等。本节以国内具有代表性的花伴侣 APP 为例,简单介绍植物识别软件的使用。

花伴侣是鲁朗软件(北京)有限公司在大数据应用背景下,利用人工智能深度学习技术,基于中国科学院植物研究所海量分类图库及用户共建图库开发的植物识别软件,是一款准确率较高的拍照识花手机应用 APP。在软件的后台,每一种植物均有 100 张以上照片作为比对数据。目前花伴侣可以识别上万种花草树木,同时随着用户共建图库的不断开发,及用户的增多,其识别能力不断提升。不定时的在线更新功能,使花伴侣一直处在不断自我完善的过程中。

在野外实践时,只要打开 APP,拍摄要识别植物的花、果、叶等特征部位,APP 便会快速在海量图库中匹配,几秒内就能识别出结果,并能显示识别植物详细的百科知识。在识别结果中有一个可信度信息,用户可根据可信度来判断识别结果的真实程度。APP 具有识别种类多、精度高的特点,通过其能达到快速学习、科普的效果。

花伴侣应用的首页最下方显示此软件的五个主要功能界面,即附近、百科、识花、发现与用户信息五大项。根据用户需要,可选择进入不同的工具项下,每个项下功能内容如下。

一、附近

基于花伴侣 APP 大数据分析,可推荐附近赏花点,查看周边人气植物和用户拍摄的美图。

在附近界面下,通过卫星定位查看花伴侣 APP 用户所拍摄的我们所在地区附近的植物的照片。可以将地图手工放大至全国,或者缩小到具体的某个城镇的某个公园,全方位地查看植物分布。如图 6-17 所示。

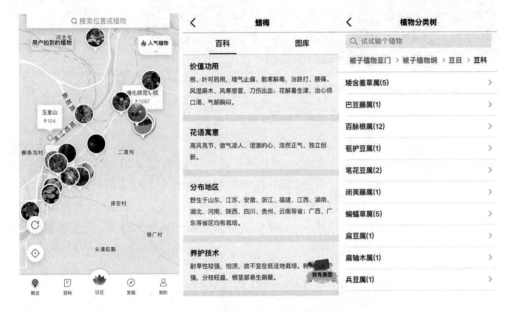

图 6-17　附近、百科及植物分类树界面

二、百科

花伴侣 APP 后台数据库收纳了超过 45000 种植物的百科知识,并在不断更新丰富中。在百科项下提供有搜索栏,可以输入植物名直接查询相关信息,如输入"蜡梅",即可浏览和蜡梅相关的诸多信息资料;输入"植物分类树",可以通过门、纲、目、科、属、种的分级形式,逐步查找植物信息。

三、识花

只需拍照或从相册选择照片,即可自动识别。不能识别的植物可提交社群由用户参与鉴定。主页面下方最中间"识花"即拍照识别界面,点击"识花"可自动打开手机摄像头,对植物进行拍照。拍摄时须注意要拍摄花、果实或者叶的部位,或者拍摄全株;要保证照片清晰,以提高鉴别结果的准确性。也可以从手机相册里调出存储的植物照片进行识别。拍照识花界面如图6-18 所示。拍摄蜡梅,软件给出了识别结果的可信度为 99%,点击下方的蜡梅图片,可以进入百科与图库界面。百科里介绍了蜡梅的拉丁名、别名、科属、相关诗词、价值功用、分布地区、表型特征、养护技术等信息;图库里有大量 APP 用户在不同地区、不同时间拍摄的蜡梅照片以供用户比对。

图 6-18　识花界面及识别结果信息

四、发现

本项下设有"艺术画廊""识花大挑战""大家来鉴别"等互动项目。"大家来鉴别"项下有用户上传的大量植物图片,在此项下可以查看其他人的鉴别结果,也可以提出自己的鉴别意见;"识花大挑战"项下为趣味小游戏,可帮助用户在闯关玩游戏的过程中认识植物。

五、用户信息

在此项下可以查看用户的注册信息、识别历史,查看花伴侣 APP 的建设队伍、功能介绍等。

在手机应用商店或网页上均可下载花伴侣 APP。百度输入"花伴侣",即可搜索、下载、安装。截至 2019 年 1 月,此软件已更新到 3.0.4 版本,增加了以下几个新功能:①附近赏花点和植物分布,可帮助选择赏花点或景区,浏览其物种、分布与图片;②植物百科,收纳 45000 余种植物,并逐步提供更丰富的百科信息;③植物分类树,方便浏览植物界门、纲、目、科、属、种的层级关系以及物种数量等;④图片上传,使用户可选择物种及拍摄时间、地点,上传原创图片,助力花伴侣 APP 建设。

第三节　植物分类 QQ 群及微信群的利用

微信(We Chat)与 QQ 是腾讯公司推出的具有通讯、社交和平台化功能的手机软件。其主要特点为实时性与共享性。软件平台可以通过网络快速发送文字、语音、图片、视频,其丰富的功能和交流形式打破了传统通信和移动互联网的界限。微信与 QQ 作为辅助移动教学的平台工具,可直观、高效、图文并茂地展现药用植物的形态和结构特征,特别适合药用植物基础这类形象化要求高的课程,可用于弥补传统教学方式的不足,加强师生之间的交流,调动学生学习的积极性,提高学生学习效率。微信与QQ在主要功能应用上具有很多相似之处,下面以微信为例,介绍其在药用植物学野外实践中的利用。

一、微信的功能

(一)聊天功能

微信软件可以进行实时或非实时的一对一的文字传送,及在线的音视频连接,通过微信软件可以方便快捷地与朋友取得联系,进行交流。

(二)传输文件

微信好友之间可以进行各种形式的文件(如word、excel、ppt、pdf等常见的文件格式)的互传,且由于所传文件不受时间、地点的限制,学生可以随时查看,达到掌上学习的目的。

(三)微信群

微信群建设简单,操作便捷,适合多数人之间的交流。在一个微信群里,用户可以和群里的其他人共同探讨一个话题,分享自己的观点,寻求他人的帮助,也可以上传文件资料,或者下载查看其他人分享的学习资料。

二、微信群的利用

(一)建立微信群

野外实践开始前,可建立一个以交流植物知识为主题的微信群。建立微信群有多种方式,可选择自己已有的联系人建立;也可通过面对面的方式,让所有人在手机微信上选择"面对面建群",输入同一组数字符号建立;还可以通过群号搜索、好友邀请或扫描二维码加入已经运作成熟的有关植物分类的微信群。

(二)信息交流

建立好微信群后,由群主定期发布公告,说明每天学习内容;群成员可以自由交流,各抒己见,提出学习中遇到的问题,由教师或其他成员答疑解惑,分享学习资料。

(三)文件共享

药用植物课程教学内容较多,学生不能及时消化吸收,也无法及时将所学知识转化为实际技能运用到生活中。针对这一问题,教师可以利用微信群发布学习要点,上传有关学习资料;学生也可以在微信群中交流学习的难点,把不清楚的地方再学一遍。

作为实践性较强的学科,药用植物学野外实践是一个需要观察学习的学科。通过微信,学生可以随时分享自己身边的植物及环境,在相互讨论的过程中强化对课堂上所学的理论知识的理解与认识。与此同时,中国科学院植物研究所已利用微信将《中国植物志》制作成客户端模式,通过微信可以轻松地查看并搜索植物种类,这极大地丰富了药用植物学微信自主学习模式。在此基础上,教师可以充分利用微信平台中的朋友圈及微信讨论小组等功能,进一步拓展教学内容。

第七章

药用植物学野外实践的内容、方法与考核

第一节　药用植物学野外实践的内容

药用植物学野外实践一般为 7～15 天,是一个时间紧凑、安排周密的野外教学过程。实践前要明确实践的目的,熟悉实践的内容。药用植物学野外实践的主要内容为对蕨类植物、裸子植物和被子植物的野外识别。

一、蕨类植物

中国有蕨类植物 2600 多种,隶属于 50 多科。这里介绍药用植物学野外实践中蕨类植物常见科的识别要点。

(一)石松科

多年生草本。主茎长而匍匐扩展,具根状茎及不定根。叶小,线形、钻形或鳞片状。孢子叶穗集生于茎的顶端,孢子囊圆球状肾形。孢子同型。

(二)卷柏科

茎叶通常背部扁平状。营养叶常异形,有叶舌。孢子叶穗四棱形,孢子异型。配子体单性,极度退化,雌雄配子体均在孢子内发育成熟。

(三)木贼科

地上茎节与节间明显,中空,节间有纵棱。叶退化,下部联合成鞘状包围节上。孢子囊生于盾形或鳞片状的孢子叶,常在枝顶成孢子叶球。

(四)紫萁科

叶异型或羽片异型,叶柄基部膨大成背腹状,两侧有狭翅。孢子囊生于特化羽片边缘,形成穗状或复穗状的孢子囊序;孢子囊壁薄,无环带。

(五)海金沙科

缠绕性植物,短枝顶上有一不发育的被毛茸的休眠芽。孢子囊群生于能育羽片顶部,成流苏状排列;孢子囊梨形,横生于短柄上,环带顶生。

(六)鳞始蕨科

根状茎横走,有红棕色钻形鳞片。叶同型,无毛。孢子囊群为叶缘生的汇合囊群,着生于 2 至多条相连的小脉顶端,囊群盖向外开口,少数种类无囊群盖。

(七)凤尾蕨科

根状茎密被狭长而质厚的鳞片。孢子囊群线形,沿叶背边缘着生,叶缘反卷成假盖或成膜

质;孢子囊群盖向心开放,孢子囊有长柄,环带直生,孢子囊横裂。

(八)中国蕨科

陆生草本。根状茎被线状针形鳞片,叶柄、叶轴通常栗棕色或深褐色,叶背常被白色或黄色粉粒。孢子囊群小,圆形有盖,囊群盖为反折的叶边部分变质所形成;孢子囊球状梨形。

(九)鳞毛蕨科

陆生草本。根状茎粗短,直立或斜生,连同叶柄多被鳞片,叶一型,叶轴上面有纵沟。孢子囊群圆形,背生或顶生于叶脉上,囊群盖盾形或圆形,有时无盖;孢子囊扁圆形。孢子两面型。

(十)水龙骨科

陆生或附生。根状茎横走、被鳞片,具网状中柱。叶一型或二型;叶柄基部具关节;单叶,叶脉网状。孢子囊群圆形或线形,或有时布满叶背,无囊群盖,孢子囊梨形或球状梨形;孢子两面型。

(十一)槐叶萍科

漂浮植物。茎细弱、横走、被毛。3叶轮生,3列,其中2列漂浮水面,表面密布乳头状突起,背面有毛,另一列在水面下,细裂成须根状悬垂水中。茎部簇生孢子果。

(十二)满江红科

漂浮植物。根状茎纤细。叶微小,2列,互生,每叶有上下2裂片,上裂片浮于水面覆盖根状茎,下裂片沉于水中。孢子果成对。

二、裸子植物

我国是世界上裸子植物种类最多、资源最丰富的国家,有5纲,8目,11科,41属,236种。这里简要介绍药用植物学野外实践中裸子植物常见科的识别要点。

(一)银杏科

落叶大乔木。叶扇形,叶脉叉状分枝。雄球花荑荑花序状,雄蕊多数;雌球花具长柄,柄端有2杯状心皮。种子核果状。

(二)松科

长枝上的叶和种鳞都是螺旋排列的。种鳞与苞鳞分离;每种鳞有种子2。叶针形或条形。

(三)杉科

叶和种鳞多数都是螺旋排列的。种鳞与苞鳞半合生;每种鳞有种子2～9。叶条形、钻形或披针形。

(四)柏科

叶与种鳞都是交互对生或轮生的。种鳞与苞鳞完全合生;每种鳞具1至多枚种子。叶鳞片状或刺形。

(五)红豆杉科

叶互生或近对生,呈2列状。雌球花顶生1胚珠,珠托盘状或漏斗状,肉质且鲜艳的假种皮常呈杯状。

(六)三尖杉科

叶交互对生,叶基扭转呈2列状。雌球花每苞腋着生2胚珠,珠托囊状。种子具肉质假种皮。

三、被子植物

被子植物种类繁多,下面仅介绍药用植物学野外实践中被子植物常见科的识别要点。

(一)三白草科

多年生草本。单叶互生;托叶有或无,常与叶柄合生。穗状或总状花序,常有总苞片;花小,两性,无花被;雄蕊 3、6 或 8;雌蕊心皮 3~4,离生或合生。蒴果或浆果。

(二)胡椒科

多为藤本。叶具辛辣味,离基三出脉。穗状花序或肉穗状花序;无花被。浆果。

(三)金粟兰科

草本或灌木。茎常具明显的节。单叶对生,具托叶。花两性或单性,无花被,组成穗状花序或聚伞花序;雄蕊 1~3,彼此合生并再与子房愈合;雌蕊由 1 心皮组成,1 室。核果。

(四)桑科

木本,有乳汁。单叶互生,托叶早落。花小,单性,单被。聚花果。

(五)荨麻科

草本。茎皮纤维发达,常具刺毛。聚伞花序;花单性,单被。瘦果。

(六)檀香科

乔木、灌木或草本;常寄生或半寄生。单叶互生或对生,全缘,无托叶。花两性或单性;花被 1 轮;子房下位或半下位。坚果或核果。

(七)桑寄生科

寄生灌木。单叶对生或轮生,革质,无托叶。花两性或单性;雄蕊与花被片同数对生;子房下位。浆果,稀为核果。

(八)马兜铃科

多年生草本或藤本。单叶互生,叶片多为心形,无托叶。花两性;花单被,雄蕊 6~12;雌蕊心皮 4~6,合生;子房下位或半下位。蒴果。

(九)蓼科

多年生草本。单叶互生,全缘,有膜质托叶鞘。花两性;常排成穗状、圆锥状或头状花序;单被花,萼片花瓣状。瘦果或小坚果。

(十)苋科

多为草本。单叶对生或互生,无托叶。花小,常两性;单被,花被片 3~5,干膜质;子房上位;心皮 2~3,合生。胞果,稀为浆果或坚果。

(十一)商陆科

草本或灌木。单叶互生,全缘。花两性,稀单性;总状或聚伞花序。浆果、蒴果或翅果。

(十二)石竹科

草本。单叶对生,节部膨大。雄蕊常 10;子房上位;雌蕊心皮 2~5,特立中央胎座。蒴果。

(十三)睡莲科

水生草本。根状茎横走。叶基生,常盾状,近圆形。花两性,花萼、花瓣与花蕊逐渐过渡;心皮多数,合生。坚果或浆果。

(十四)毛茛科

草本或藤本。叶互生或基生;单叶或复叶,无托叶。花多两性,5 基数;雄蕊和雌蕊多数,离生,螺旋状排列。聚合蓇葖果或聚合瘦果,稀浆果。

(十五)芍药科

多年生草本或灌木。叶互生,常为二回三出羽状复叶。花大,1至数朵顶生;萼片通常5,宿存;2~5心皮,离生。聚合蓇葖果。

(十六)小檗科

灌木或草本。单叶或复叶,互生。花两性,单生、簇生或为总状花序;子房上位。浆果,蓇葖果或蒴果。

(十七)防己科

多年生草本或木质藤本。单叶互生,叶片有时盾状;无托叶。花单性异株;聚伞或圆锥花序;心皮3~6,离生。核果。

(十八)木兰科

木本,稀藤本。单叶互生,有环状托叶痕。花单生,两性;花被片3基数。雄蕊与雌蕊多数,分离。聚合蓇葖果或聚合浆果。

(十九)樟科

多为常绿乔木;有香气。单叶互生;全缘,羽状脉或三出脉。花两性,少单性;花单被,通常3基数;雄蕊4轮;花药瓣裂。核果或浆果。

(二十)罂粟科

草本,常具乳汁或有色汁液。叶基生或互生,无托叶。花两性,单生或成总状、聚伞、圆锥等花序;萼片常2,早落。蒴果,孔裂或瓣裂。

(二十一)十字花科

草本。单叶互生,无托叶。花两性,辐射对称;花瓣4;雄蕊6,四强雄蕊;雌蕊心皮2,合生,侧膜胎座,中心有隔膜。长角果或短角果。

(二十二)景天科

多年生肉质草本。多单叶互生、对生或轮生。聚伞花序或单生,萼片或花瓣均4~5;雄蕊与花瓣同数或为其2倍;心皮离生。蓇葖果。

(二十三)虎耳草科

多为草本,多单叶互生或对生,常无托叶。萼片、花瓣4~5;心皮2~5,全部或基本合生;侧膜胎座或中轴胎座。蒴果或浆果。

(二十四)金缕梅科

乔木或灌木。常具星状毛。单叶互生,有托叶。花两性或单性同株;雄蕊4~5;子房下位或半下位;雌蕊由2心皮基部合生组成。蒴果。

(二十五)杜仲科

落叶乔木;枝、叶折断时有银白色胶丝。叶互生,无托叶。花单性异株,无花被;雄蕊4~10;子房上位;雌蕊心皮2,合生。翅果扁平,狭椭圆形。

(二十六)蔷薇科

草本或木本。常具刺。单叶或复叶,多互生,常有托叶。花5基数,花被与雄蕊合成被丝托,萼片、花瓣和雄蕊均着生托杯边缘;雄蕊通常多数;雌蕊心皮1至多数,分离或合生。蓇葖果、瘦果、核果或梨果。

(二十七)豆科

单叶、木本或藤本。叶互生,多为复叶,有托叶。花两性,花萼5裂;花瓣5,多数为蝶形花;雄蕊10,二体,边缘胎座。荚果。

(二十八)蒺藜科

草本或灌木。叶对生,有时互生,常肉质。花两性,单生或为总状、聚伞花序;萼片、花瓣4～5;子房上位。蒴果、分果,稀为核果。

(二十九)芸香科

木本,稀草本,有时具刺。叶、花、果常有透明腺点。叶常互生,多复叶。花多两性,萼片、花瓣3～5;雄蕊与花瓣同数或为其倍数,生于花盘;子房上位。柑果、蒴果、核果和蓇葖果,稀翅果。

(三十)楝科

木本。叶互生,羽状复叶,无托叶。花常两性,萼片、花瓣4～5,雄蕊8～10;子房上位;雌蕊2～5心皮,合生。蒴果、浆果或核果。

(三十一)远志科

草本或木本。单叶,常互生,无托叶。花两性,总状或穗状花序;萼片5,不等长;花瓣3或5,不等大;雄蕊4～8。蒴果、坚果或核果。

(三十二)大戟科

草本、灌木或乔木,常含乳汁。单叶互生,叶基部常有腺体。花常单性,同株或异株,花序各式;雄蕊1至多数,雌蕊3心皮。蒴果,稀浆果。

(三十三)冬青科

乔木或灌木,多常绿。单叶互生。花腋生,簇生或集成聚伞花序,稀单生;花小,单性异株或杂性;雄蕊与花瓣同数且互生。浆果状核果。

(三十四)卫矛科

灌木或乔木,常攀缘状。单叶对生或互生。花两性,有时单性,单生或成聚伞、总状花序;花部通常4～5数。蒴果、浆果、核果或翅果。

(三十五)无患子科

木本。叶互生,常为羽状复叶。花两性、单性或杂性;花小,萼片4～5,花瓣4～5或缺;雄蕊8～10;子房上位。核果、蒴果、浆果或翅果。

(三十六)鼠李科

乔木或灌木,直立或攀缘,常有刺。单叶,多互生,有托叶。花小,两性;萼片、花瓣及雄蕊均4～5,雌蕊心皮2～4;子房上位。多为核果。

(三十七)葡萄科

多为木质藤本,卷须和叶对生。叶互生。花集成聚伞花序,常与叶对生;花小,两性或单性;花萼不明显,4～5裂;花瓣4～5。浆果。

(三十八)锦葵科

木本或草本,具黏液细胞。单叶互生,常具掌状脉。花两性,辐射对称;萼片5,花瓣5;雄蕊多数,花丝下部连合成管。蒴果。

(三十九)堇菜科

多为草本。单叶互生或基生,有托叶。花两性,两侧对称,单生;萼片5,常宿存;雄蕊5;子房上位;雌蕊 3 心皮,合生。蒴果,常 3 瓣裂。

(四十)瑞香科

多为灌木,少乔木或草本。单叶互生或对生,无托叶。花两性;单被花,花萼管状,4～5 裂;雄蕊与萼裂片同数或为其两倍。浆果、核果或坚果。

(四十一)胡颓子科

木本,全部被银色或金褐色的盾状鳞片。单叶互生,稀对生。花两性或单性,单被;雄花花萼 2～4 裂。瘦果或坚果,包藏于肉质花被内。

(四十二)使君子科

木质藤本至乔木。叶互生或对生。花两性,稀单性;萼管与子房合生,4～5 裂;花瓣 4～5 或缺;雄蕊与萼片同数或为其两倍。坚果、核果或翅果。

(四十三)桃金娘科

常绿木本。单叶对生,有透明油腺点,无托叶。花两性,辐射对称;萼 4～5 裂;花瓣 4～5;雄蕊多数;雌蕊 2～5 心皮,合生。浆果、蒴果,稀核果。

(四十四)五加科

木本,稀多年生草本。茎常有刺。叶多互生,常为掌状复叶或羽状复叶。花小,两性,稀单性;花瓣 5～10 分离,雄蕊 5～10。浆果或核果。

(四十五)伞形科

草本,常含挥发油。茎常中空,有纵棱。叶互生,叶柄基部扩大成鞘状。花小,两性,多为复伞形花序;花瓣 5;雄蕊 5;子房下位;雌蕊 2 心皮,合生。双悬果。

(四十六)山茱萸科

木本,稀多年生草本。叶常对生,少互生或轮生,无托叶。花常两性,稀单性;花瓣 4～5 或缺;雄蕊 4～5;雌蕊 2 心皮,合生。核果或浆果。

(四十七)杜鹃花科

灌木或乔木。单叶互生,常革质。花两性;花萼 4～5 裂,宿存;花冠 4～5 裂;雄蕊常为花冠裂片数的 2 倍;中轴胎座。蒴果、少浆果或核果。

(四十八)紫金牛科

灌木或乔木,稀藤本。单叶互生,常具腺点或腺状条纹。花常两性,辐射对称,4～5 数;萼片宿存;花冠合生。核果或浆果,稀蒴果。

(四十九)报春花科

草本,稀亚灌木,常有腺点和白粉。叶基生或茎生;单叶,无托叶。花两性,萼常 5 裂;花冠常 5 裂;雄蕊与花冠裂片同数且对生。蒴果。

(五十)木犀科

灌木或乔木。叶常对生,单叶、三出或羽状复叶。花两性,稀单性异株;花萼、花冠常 4 裂,稀无花瓣;雄蕊常 2。核果、蒴果、浆果、翅果。

(五十一)马钱科

草本、木本,有时攀缘状。单叶。花常两性;花萼、花冠 4～5 裂;雄蕊与花冠裂片同数且互生;子房上位,常 2 室。蒴果、浆果或核果。

(五十二)龙胆科

草本。单叶互生,无托叶。聚伞花序或单生;花萼筒状,常 4～5 裂;子房上位;雌蕊 2 心皮。蒴果 2 瓣裂。

(五十三)夹竹桃科

木本或草本,常蔓生,具白色乳汁或水汁。单叶对生或轮生,稀互生。花两性;花萼、花冠常 5 裂。蓇葖果,稀浆果、核果、蒴果。

(五十四)萝藦科

草本、藤本或灌木,有乳汁。单叶对生,少轮生或互生。花两性,5 基数;雄蕊 5,与雌蕊粘生成中心柱;雌蕊 2 心皮,离生。蓇葖果双生。

(五十五)旋花科

草质缠绕藤本,稀木本,常具乳汁。单叶互生,无托叶。花两性,辐射对称,5 基数;子房上位;雌蕊心皮 2(稀 3~5)。蒴果,稀浆果。

(五十六)紫草科

草本或亚灌木。单叶互生,稀对生或轮生。花两性;萼片 5;花冠管状或漏斗状,5 裂;雄蕊 5,着生于花冠上。4 个小坚果或核果。

(五十七)马鞭草科

木本,稀草本。叶对生,稀轮生,单叶或复叶。花两性,常两侧对称;花萼、花冠 4~5 裂;雄蕊 4,二强。果为核果、蒴果或浆果状核果。

(五十八)唇形科

草本,稀木本。茎方形,叶对生或轮生。轮伞花序,花两性;花萼 5 裂,常二唇形,宿存;花冠 5 裂,二唇形;雄蕊 4,二强,或退化雄蕊 2;雌蕊 2 心皮,通常 4 深裂形成假 4 室。小坚果 4。

(五十九)茄科

草本或灌木,稀乔木。叶互生,无托叶。花单生、簇生或排成聚伞花序;两性或杂性;花萼常 5 裂,宿存。浆果或蒴果。

(六十)玄参科

草本,少为灌木或乔木。叶多对生,稀互生或轮生。花两性;花萼常 4~5 裂,宿存;花冠 4~5 裂,常多数呈二唇形。蒴果 2 或瓣裂,稀为浆果。

(六十一)紫葳科

乔木、灌木或木质藤本。叶对生,单叶或羽状复叶。花两性,圆锥或总状花序顶生或腋生;花萼管状 5 裂;花冠 5 裂;雌蕊 2 心皮,合生。蒴果。

(六十二)列当科

寄生草本。花两性,单生于苞片的腋内;花萼 4~5 裂;花冠常 5 裂;雄蕊 4,二强;雌蕊 2 心皮,合生。蒴果,2 瓣裂。

(六十三)爵床科

草本或灌木,有时攀缘状。茎节常膨大。单叶对生。花两性;花萼 4~5 裂;花冠 4~5 裂,二唇形;雄蕊 4 或 2;雌蕊 2 心皮,合生。蒴果,室背开裂。

(六十四)茜草科

草本,灌木或乔木,有时攀缘状。单叶对生或轮生,全缘,托叶 2。花两性;花萼、花冠 4~5 裂;雄蕊 5;雌蕊 2 心皮,合生。蒴果、浆果或核果。

(六十五)忍冬科

木本,稀草本。叶对生,单叶,少为羽状复叶。花两性,聚伞花序;花萼 4~5 裂;花冠管状,常 5 裂,有时二唇形。浆果、核果或蒴果。

(六十六)败酱科

多年生草本。叶对生或基生,常羽状分裂。花小,常两性;花冠筒状,上部 3～5 裂;雄蕊常 3 或 4;雌蕊 3 心皮,合生。瘦果。

(六十七)川续断科

草本。叶对生,或有齿缺或羽状深裂。花两性;花冠 4～5;雄蕊 4,着生于花冠管上;子房下位;雌蕊 2 心皮,合生。瘦果。

(六十八)葫芦科

草质藤本,有卷须。叶掌状分裂,互生。花单性;聚药雄蕊;雄蕊子房下位;3 心皮,侧膜胎座。瓠果。

(六十九)桔梗科

多年生草本,具乳汁。单叶互生。花两性;花冠钟状,5 裂,辐射对称;雄蕊 5;雌蕊 3 心皮,合生,中轴胎座。蒴果,稀浆果。

(七十)菊科

常为草本,稀灌木,有的种类具乳汁或树脂道。具总苞的头状花序;花冠舌状或管状;聚药雄蕊。瘦果。

(七十一)香蒲科

草本,水生或沼生。具根状茎。叶线形或条形。花小,单性同株,无花被;雄花位于花序轴的上部,雄蕊常为 3。小坚果。

(七十二)泽泻科

沼生草本。花两性、单性或杂性,辐射对称;花被 6,2 轮;雌蕊心皮多数,离生。瘦果两侧压扁,或为小坚果,多少胀圆。

(七十三)禾本科

草本或木本。常具根状茎。秆圆柱形,有明显的节和节间,节间中空。叶 2 列,叶鞘开裂。颖果。

(七十四)莎草科

草本。秆常三棱形,实心,无节。叶 3 列,叶鞘闭合。小坚果。

(七十五)棕榈科

木本。茎干不分枝。大型叶聚生茎顶。肉穗花序,具佛焰状总苞;花 3 基数。浆果或核果。

(七十六)天南星科

草本。叶具网状脉。肉穗花序,通常具彩色佛焰苞。浆果密生于花序轴上。

(七十七)谷精草科

一年生矮小草本。茎短。叶线状,丛生,膜质。花长于叶片,丛生;雌、雄花混集成头状花序。蒴果。

(七十八)灯心草科

多年生草本,少数一年生,常密集丛生,有匍匐茎。叶圆筒形,扁平或退化成鞘状。花序为侧生或顶生的聚伞花序;花两性;整齐;花被 6。蒴果。

(七十九)百部科

草本或藤本。常有块根或横走根状茎。单叶对生、轮生或互生,弧形脉。花两性;腋生或贴生于叶片中脉;单被花,花被片 4,花瓣状;雄蕊 4;花药 2 室;子房上位或半下位。蒴果 2 瓣裂。

(八十)百合科

常为草本,稀木本。常具鳞茎、根状茎、球茎或块根。花 3 基数;花被 6,花瓣状;雄蕊常 6 枚;雌蕊 3 心皮,合生。蒴果或浆果。

(八十一)石蒜科

草本。具有膜被鳞茎或根状茎。叶基生,常条形。花单生或伞形花序,具膜质总苞;花被 6,花瓣状;雌蕊 3 心皮,3 室。蒴果或浆果状。

(八十二)薯蓣科

缠绕草本。具根状茎或块茎。叶互生,少对生,具掌状网脉。花单性。蒴果有翅。

(八十三)鸢尾科

草本。常具根状茎或球茎。叶多基生,条形或剑形,基部对折。常为聚伞花序,花两性;花被 6,2 轮;雄蕊 3;子房下位;雌蕊 3 心皮,3 室,中轴胎座。蒴果。

(八十四)姜科

多年生常具芳香草本,具根状茎、块茎或块根。单叶基生或茎生,常有叶鞘或叶舌,羽状平行脉。花两性;两侧对称;有花萼和花冠,花萼 3,连合,花冠 3,连合;在花被下形成 1 花被管;雄蕊 1,另有退化雄蕊。蒴果。

(八十五)兰科

草本。具根状茎、块茎或假鳞茎。单叶互生,常排成 2 列。花两侧对称,形成唇瓣,雄蕊和雌蕊结合成合蕊柱,花粉粘合成花粉块;子房下位,侧膜胎座。蒴果。

第二节　药用植物学野外实践的方法

药用植物学野外实践要求学生在较短的时间内将书本知识运用到野外实践中,通过实地观察和教师的讲解,全面掌握药用植物的识别特征,观察药用植物与环境之间的相互关系,学习药用植物标本的采集与制作,学会运用工具书鉴定药用植物。

一、药用植物野外观察与识别

(一)植物学特征的观察与记录

对于不同类型的植物,因生境、形态与结构不同,要观察和记录的内容也各异,包括形态特征和解剖构造两方面。其中营养器官的形态结构是基础,繁殖器官的形态结构是关键,各类植物都如此。

1. 蕨类植物的观察和记录　蕨类植物植株(孢子体)大而显著,生活期长,便于观察。因此,蕨类植物是根据其孢子体的形态特征——根、茎、叶和孢子囊的特征来进行分类的。

(1)根。注意其生活习性,如陆生、湿生、水生或附生等。

(2)茎。注意其生长方式,如匍匐、斜生、直立和横走;表面是否有毛、鳞片等附属物,若有则应注意附属物的特征。

（3）叶。自基部向上进行观察，注意叶柄基部是否有膨大及有无关节；叶的着生方式（丛生、近生、远生），叶柄表面有无沟槽及毛、鳞片等附属物；营养叶、孢子叶是否相同；叶的类型（大型叶、小型叶、单叶、复叶）；叶缘的情况及叶脉的类型。

（4）孢子囊。注意孢子囊着生的部位；孢子囊的形状、囊群盖的有无及形态；孢子囊上环带的有无及着生方式。

2. 种子植物的观察与记录　注意其生长环境和其营养器官（根、茎、叶）及繁殖器官（花、果实、种子）等的形态结构。

（1）生长环境。在野外，每观察一种植物都要记录其生长环境，看其是水生、陆生还是附生，阴生还是阳生；还应注意产地的海拔高度及土壤基质等。

（2）生长习性。注意其是草本还是木本；是一年生、二年生还是多年生。

（3）根。注意观察是直根系还是须根系，是否有根的变态，如贮藏根、支持根、气生根、攀缘根、水生根和寄生根。

（4）茎。注意观察是木质茎、草质茎还是肉质茎；是直立茎、缠绕茎、攀缘茎还是匍匐茎；是否有地上和地下茎的变态。还要注意茎是圆形还是方形；茎节是否膨大；茎表面是否有附属物等。

（5）叶。注意观察是单叶还是复叶；叶序；有无托叶；叶的形状、大小及叶脉的分布情况；叶的质地、气味及有无腺点；叶的表面及背面有无茸毛和蜡层；叶缘；叶尖和叶基等。

（6）繁殖器官。繁殖器官是主要的分类依据，但繁殖器官在植物生长期中出现的时间是短暂的，如一年生、二年生草本，一生中只开花结实一次；多年生植物，一年中也只开花结实一次，只有极少数种类一年多次或常年开花。因此，对完整的花、果实和种子标本必须进行详细的观察、解剖和记录。观察和解剖繁殖器官时，必须注意区分花序的类型；是单被花还是重被花；花萼、花冠是合生还是离生，以及每一轮的排列方式；是两性花、单性花、中性花还是杂性花；雄蕊的数目、着生部位，是分离的还是联合的（若是联合的则应注意联合的部位和程度如何），花药是外向还是内向，开裂方式如何，花粉粒的形态；雌蕊的组成情况，是单雌蕊还是复雌蕊，心皮是离生还是合生（若是合生，则还应注意合生程度如何）；子房的位置，子房的室数，胎座的类型，胚珠的数目；花柱及柱头是否合生和其数目、外形特征等。有些植物鉴定，还需观察果实的类型及种子的特征。

（二）药用植物识别的途径与方法

1. 聆听　在野外实践过程，认真聆听指导老师对药用植物的介绍和讲解，并及时进行记录和采集标本。

2. 询问　在野外采集标本时，如遇到自己不能识别和鉴定的植物，要及时询问指导老师或当地居民。

3. 比照　将不认识的标本与工具书中的插图或专门的植物图片进行比照，找出两者共同之处，对其做准确的鉴定。还可以通过网上数据库比对标本。

4. 检索　对所采得的标本经过详细的观察和记录后，根据各器官的形态特征，利用中国植物志网站或检索表进行分类检索，以确定其种类。

二、药用植物标本的采集与整理

结合药用植物学野外实践教学，指导学生进行药用植物标本采集，使学生学习识别植物、采集标本、制作标本的方法，最后把采到的药用植物或一部分制成各类标本，保存备用。标本的采集、压制过程也是一个识别和熟悉各种植物的过程。学生在标本的采集压制过程可通过对多采集的尚不认识的植物的花、果实进行解剖观察,掌握它的形态特征,并不断地加深认识,最终达到能够鉴别和认识的目的。具体标本采集、压制的方法见第四章。

第三节　药用植物学野外实践的考核

通过野外实践,同学们获得了大量药用植物知识,认识了大量的植物,但所获得的知识又比较零乱,所以需要及时进行总结;同时在野外实践结束前,教师需要对学生的实践情况进行考核,并以此来评定成绩。

一、野外实践报告

在野外实践结束前,要求学生结合学习情况和野外实践的经历,及时撰写野外实践报告。野外实践报告没有具体的格式,但一般包括如下几部分内容。

(1)实践的目的和意义。

(2)实践的时间和地点。

(3)实践内容。

(4)实践的心得体会。

(5)其他内容。包括植物名录,重要植物介绍、实践地自然环境概况等。

此外,学生在实践中往往会发现不少很有意思的自然现象,很想独立进行深入观察与探索;有的同学还会有许多想进一步了解的问题,渴望有一个奔向大自然去探索的机会。通过实践,学生在感性和理性上的认识都得到了进一步的提高,因此也可以要求学生以撰写小论文的形式进行总结。

如果要求学生以小论文的形式进行实践总结,一般要让学生做到如下几项工作。

(1)确定题目。实践刚开始时,要求学生根据自己的兴趣爱好去发现问题,确定研究题目。

(2)收集资料。题目确定后就需要广泛收集资料,包括实物标本、生态环境、文字资料等。

(3)观察、实验、思考,从研究项目中找到规律性的东西。

(4)总结、撰写小论文。小论文是自己对某一专题经过一番调查、观察、思考以后的归纳性的总结,一般包括如下几个方面的内容。

1)前言。说明论题的意义,前人曾做过哪些工作,留下什么问题。(由于在野外,资料不全,可以从简写,但要说明你为什么要选这一题目。)

2)材料与方法。写下自己的工作内容,包括过程、地点、环境特点、工作方法、数据、描述、检索表等。

3)结论与体会。写出几点规律性的概述或工作体会。

4)参考资料。列出进行此项工作所引用的资料。

以上讲的是一般要求,并不是每篇野外实践报告都必须有这几方面的内容,可根据具体情况而定。

二、野外实践考核

对药用植物学野外实践的考核,一般采用辨认药用植物的方式进行。药用植物考核一般以 40 种为宜,考核内容包括植物名、科名及药用部位等。考核成绩可用 100 分制,具体判定分数;也可以分优秀、良好、中等、合格和不及格。药用植物具体考核方式有以下几种可供参考。

(一)实地辨认的方式

根据野外实践情况,由教师选取考试目录,以小组为单位到实地进行考核,由教师现场选取植物,同学在答题卷上写出相应的答案。

(二)由教师采集的方式

根据野外实践情况,由教师在实践地点采集药用植物标本,编号后在室内或空旷的地方,让学生进行辨认,将答案写在答题卷上。

(三)由学生采集的方式

根据野外实践情况,由教师确定考试品种目录,学生以小组为单位,在规定的时间内到实践地点进行标本采集,并将之带回,编号后,让学生辨认,将答案写在答题卷上。药用植物学野外实践学生考核表见表 7-1。

表 7-1　药用植物学野外实践考核试卷

专业:_____ 班级:_____ 姓名:_____ 学号:_____ 成绩:_____

序号	植物名	科名	药用部位	序号	植物名	科名	药用部位
1				21			
2				22			
3				23			
4				24			
5				25			
6				26			
7				27			
8				28			
9				29			
10				30			
11				31			
12				32			
13				33			
14				34			
15				35			
16				36			
17				37			
18				38			
19				39			
20				40			

第八章

常见 200 种药用植物简介

一、水龙骨科

1. 有柄石韦 *Pyrrosia petiolosa*（Christ）Ching

别名俗名 石韦、石茶、小石韦。

形态特征 多年生草本,高 5~15cm。根状茎长而横走,密生棕褐色鳞片;鳞片卵状披针形,边缘有锯齿,覆瓦状排列。叶远生,二型,厚革质,表面无毛,背面密被深灰棕色星状毛,干后通常向上内卷,有时呈圆筒状;营养叶较小,约为孢子叶的 1/3~2/3,具短柄,叶片长卵状披针形,顶部钝尖,基部略下延;孢子叶与营养叶同形,具长柄;叶脉不明显。孢子囊群点状,深棕色,几满布叶背而隐没于灰棕色星状毛中。

生境分布 生于向阳干燥的裸露岩石或石缝中。东北、华北、西北、西南及长江中下游各省有分布。

入药部位 四季采收叶,除去根、根茎及泥土,洗净,晒干。

性味功用 味苦、甘,性微寒。利水通淋,清热止血,清肺泻热。

2. 庐山石韦 *Pyrrosia shcareri*（Baker）Ching

别名俗名 大石韦、光板石韦。

形态特征 植株高 20~50cm。根状茎粗壮,横卧,密被线状棕色鳞片;鳞片长渐尖头,边缘具睫毛,着生处近褐色。叶近生,一型;叶柄粗壮,基部密被鳞片,向上疏被星状毛,禾秆色至灰禾秆色;叶片椭圆状披针形,近基部处为最宽,向上渐狭,渐尖头,先端钝圆,基部近圆截形或心形,全缘,干后软厚革质,上面淡灰绿色或淡棕色,几光滑无毛,但布满洼点,下面棕色,被厚层星状毛。主脉粗壮,两面均隆起,侧脉可见,小脉不显。孢子囊群呈不规则的点状排列于侧脉间,布满基部以上的叶片下面,无盖,幼时被星状毛覆盖,成熟时孢子囊开裂而呈砖红色。

生境分布 生于向阳的岩石表面、林下。分布于华南、华东、西南各省。

其他同有柄石韦。

二、卷柏科

3. 卷柏 *Selaginella tamariscina*（P. Beauv.）Spring

别名俗名 万年青、佛手、还阳草、还魂草。

形态特征 多年生常绿草本,高 4~15cm。须根细而多。主茎极短,不明显,单一或少有分枝;先端丛生小枝,莲座状或辐射状排列,干时向内拳卷。营养叶二型,覆瓦状密生,背腹各二列,交互着生;背叶片较大,向两侧开展,长卵圆形,急尖而有芒,外侧边缘膜质并有微齿,内侧边的膜质宽而全缘;腹叶片稍小,斜向上,长卵状披针形,急尖而有长芒,边缘有微齿。孢子囊穗着生枝顶,无柄,四棱形。孢子叶卵状三角形,先端长渐尖,具芒;边缘宽膜质,有微齿。孢子囊圆肾形,单生,雌雄同株;孢子异型,黄色或橙黄色。

生境分布 生于向阳干燥的裸露岩石或石缝中,常聚生成片生长。分布于东北、华北、华东、华中、华南等地。

入药部位 四季采挖全草,剪去须根,除去泥土,洗净,切段,晒干,生用或炒炭用。

性味功用 味辛、涩,性平。破血(生用),止血(炒炭),祛痰,通经。

三、鳞毛蕨科

4. 粗茎鳞毛蕨 *Dryopteris crassirhizoma* Nakai

别名俗名 绵马鳞毛蕨、贯众、绵马贯众、东北贯众、野鸡膀子。

形态特征 多年生草本。根状茎粗大,呈块状,斜升或直立,连同叶柄基部有密棕褐色具光泽的卵状披针形大鳞片。叶簇生,排列成羽毛球状,叶柄粗壮,叶轴生棕条形至钻形有光泽的狭鳞片;叶片倒披针形,两面均被纤维状鳞毛,二回羽状分裂;羽片无柄,裂片密接,近长方形,圆头或圆截头,近全缘或有微钝锯齿;叶上面绿色,下面灰绿色;侧脉羽状分枝。孢子囊群着生于叶片中部以上的羽片上,每裂片2～4对,近中肋着生,排列成2行;囊群盖圆肾形,棕紫色。

生境分布 生于林下、林缘、灌丛等肥沃湿润处。分布于东北、华北山区。

入药部位 根状茎及叶柄残基,春秋采挖,洗净,干燥。

性味功用 味苦,性微寒,有小毒。清热解毒,活血散瘀,止血杀虫。

四、紫萁科

5. 紫萁 *Osmunda japonica* Thunb.

别名俗名 紫萁贯众。

形态特征 多年生草本。根状茎短粗,或呈短树干状而稍弯。叶簇生,直立,禾秆色,幼时被密茸毛,不久脱落;叶片为三角广卵形,顶部一回羽状,其下为二回羽状;羽片3～5对,对生,长圆形,斜向上,奇数羽状;小羽片5～9对,对生或近对生,无柄,分离,长圆形或长圆披针形,先端稍钝或急尖,向基部稍宽,圆形,或近截形,相距1.5～2cm,向上部稍小,顶生的同形,有柄,基部往往有合生圆裂片1～2,或阔披形的短裂片,边缘有均匀的细锯齿。叶脉两面明显,自中肋斜向上,二回分歧,小脉平行,达于锯齿。叶为纸质,成长后光滑无毛,干后为棕绿色。孢子叶(能育叶)同营养叶等高,沿中肋两侧背面密生孢子囊。

生境分布 生于林下或溪边酸性土壤上。分布于山东崂山至秦岭以南各省区。

入药部位 干燥根茎及叶柄残基。

性味功用 味苦,性微寒,有小毒。清热解毒,活血散瘀,止血杀虫。

五、木贼科

6. 木贼 *Equisetum hyemale* L.

别名俗名 锉草、木贼草、节节草、节骨草。

形态特征 多年生草本。根状茎粗短,斜向横走,黑褐色,节上轮生黑褐色根。地上茎直立,坚硬,单一或基部分枝,中空,有纵棱脊,棱脊上有疣状突起,极粗糙,沟中有单行气孔线,极粗糙;有营养茎和孢子囊之分。叶鞘基部和鞘齿成黑色两圈;鞘齿线状钻形,先端长锐尖,易脱落,基部宿存。孢子囊穗初夏着生茎顶,紧密,长圆形,无柄,尖头,孢子一型。

生境分布　生于针阔混交林、针叶林下阴湿地及潮湿的林间草地等处,常聚生大面积生长。分布于东北及河北、陕西、甘肃、四川、新疆等地。

入药部位　夏、秋季割取地上部分,切段,洗净,晒干。

性味功用　味甘、苦,性平。疏风散热,解肌,明目退翳。

六、柏科

7. 侧柏 *Platycladus orientalis* (L.) Franco

别名俗名　黄柏、香柏、扁柏、扁桧、香树、柏树。

形态特征　乔木。树皮薄,浅灰褐色,纵裂成条片;枝条向上伸展或斜展,幼树树冠卵状尖塔形。叶鳞形,先端微钝;小枝中央的叶的露出部分呈倒卵状菱形或斜方形,背面中间有条状腺槽;两侧的叶船形,先端微内曲,背部有钝脊,尖头的下方有腺点。雄球花黄色,卵圆形;雌球花近球形,蓝绿色,被白粉。球果近卵圆形,成熟前近肉质,蓝绿色,被白粉,成熟后木质,开裂,红褐色;中间两对种鳞倒卵形或椭圆形,鳞背先端的下方有一向外弯曲的尖头,上部1对种鳞窄长,近柱状,先端有向上的尖头,下部1对种鳞极小,稀退化而不显著;种子卵圆形或近椭圆形,先端微尖,灰褐色或紫褐色,稍有棱脊,无翅或有极窄之翅。花期3～4月,球果10月成熟。

生境分布　生长在山地阳坡、石栎丘陵等处。全国各地均有野生或栽培。

入药部位　夏、秋季采集枝梢和叶,并切断(称侧柏叶或柏叶);采集成熟种子(称柏子仁)。

性味功用　柏叶:味苦、涩,性寒。归肺、肝、脾经。凉血止血,化痰止咳,生发乌发。柏子仁:味甘,性平。归心、肾、大肠经。养心安神,润肠通便,止汗。

七、银杏科

8. 银杏 *Ginkgo biloba* L.

别名俗名　白果树、公孙树、鸭脚树。

形态特征　乔木。成年树的树皮呈灰褐色,深纵裂,粗糙,短枝密被叶痕,短枝上亦可长出长枝;冬芽黄褐色,常为卵圆形,先端钝尖。叶扇形,有长柄,在长枝上常2裂,在一年生长枝上螺旋状散生,在短枝上簇生。球花雌雄异株;雄球花菜荑花序状,下垂,花药常2,长椭圆形,药室纵裂,药隔不发;雌球花具长梗,稀3～5叉或不分叉,每叉顶生一盘状珠座,胚珠着生其上,通常仅一个叉端的胚珠发育成种子,内媒传粉。种子具长梗,下垂,常为椭圆形、长倒卵形、卵圆形或近圆球形,外种皮肉质,熟时黄色或橙黄色,有臭味;中种皮白色,骨质,具2～3纵脊;内种皮膜质,淡红褐色。花期3～4月,种子9～10月成熟。

生境分布　浙江天目山有野生分布。生于海拔500～1000m、酸性黄壤、排水良好地带的天然林中。全国各地栽培。

入药部位　种子(称白果)、叶(称银杏叶)。

性味功用　白果:味甘、苦、涩,性平,有毒。敛肺定喘,止带缩尿。银杏叶:味甘、苦、涩,性平。活血化瘀,通络止痛,敛肺平喘,化浊降脂。

八、麻黄科

9. 草麻黄 *Ephedra sinica* Stapf

别名俗名 麻黄、麻黄根。

形态特征 草本状灌木,高 20～40cm。木质茎短或呈匍匐状,小枝直伸或微曲,表面细纵槽纹常不明显。叶退化成膜质,鳞片状,2 裂,鞘占全长 1/3～2/3,裂片锐三角形,先端急尖。雄球花多呈复穗状,常具总梗,苞片通常 4 对,雄蕊 7～8,花丝合生;雌球花单生,在幼枝上顶生,在老枝上腋生,常在成熟过程中基部有梗抽出,使雌球花呈侧枝顶生状,卵圆形或矩圆状卵圆形,苞片 4 对;雌花 2,直立或先端微弯,管口隙裂窄长。雌球花成熟时肉质红色,矩圆状卵圆形或近于圆球形;种子通常 2,包于苞片内,不露出或与苞片等长,黑红色或灰褐色,三角状卵圆形或宽卵圆形,表面具细皱纹,种脐明显,半圆形。花期 5～6 月,种子 8～9 月成熟。

生境分布 生于丘陵山地、干旱草原、荒滩及沙丘等地。分布于东北及内蒙古、河南、陕西等地。

入药部位 茎、根。

性味功用 茎:味辛、微苦,性温。发汗,平喘,利尿。根:味甘、涩,性平。固表止汗。

九、桑科

10. 桑 *Morus alba* L.

别名俗名 桑树、野桑。

形态特征 落叶灌木或小乔木,植物体含乳液。树皮黄褐色,有条状浅裂;根黄棕色或黄白色,纤维性强。枝灰白色或灰黄色,细长疏生,嫩时稍有柔毛。叶互生;叶卵圆形或宽卵形,基部圆或近心形,稍歪斜,边缘有粗糙齿或圆齿,脉上有短毛;托叶披针形,早落。花单性,雌雄异株;花黄绿色,与叶同时生出;花序腋生。瘦果卵圆形,外包肉质花被。种子小。

生境分布 生于山地、村旁、田野等处。全国大部分地区有分布。

入药部位 果实(称桑椹)、叶(称桑叶)、嫩枝(称桑枝)、根皮(称桑白皮)。

性味功用 果实:味甘,性寒。补肝,益肾。桑叶:味苦、甘,性寒。祛风,清热,凉血,明目。桑枝:味苦,性平。祛风湿,利关节,行水气。桑白皮:味甘,性寒。泻肺,平喘,行水,消肿。

11. 大麻 *Cannabis sativa* L.

别名俗名 线麻、籽麻。

形态特征 一年生草本,高 1～2m。根稍分枝,木质。茎直立,粗壮,有纵沟,有分枝,密生细柔毛,茎皮纤维发达。掌状复叶,叶柄有沟槽,半圆形;小叶披针形,两端渐尖,边缘有粗锯齿。花单生,雌雄异株,花序生叶腋。花期 5～6 月,果期为 7 月。

生境分布 生于山坡草地、阴坡阔叶林、针阔混交林等处,常聚生成片生长。东北、华北、华东、中南等地栽培或逸为野生。

入药部位 成熟果实(称火麻仁)。

性味功用 火麻仁:味甘,性平。润燥滑肠,通便。

十、桑寄生科

12. 槲寄生 *Viscum coloratum*（Kom.）Nakai

别名俗名　冬青、冻青。

形态特征　常绿寄生小灌木,高 30～50cm。枝圆柱形,略带肉质,粗壮坚韧,2～3 叉状分枝,分枝整齐,浓绿色或绿色,分枝点膨大成节。芽生于枝端的叶腋,小而不明显。叶对生,无柄;叶片长圆形或倒披针形,革质,有光泽,基部楔形,先端圆头,全缘。花单性,雌雄异株,着生于枝端两叶之间,淡黄色,无梗,花被钟形。浆果圆球形,淡黄色,熟时淡红色。

生境分布　寄生于杨属、桦属、柳属、椴属等阔叶树的树枝或树干上。东北、华北、西北等地有分布。

入药部位　全年可采收茎叶,切段,晒干。

性味功用　味苦,性平。补肝肾,祛风湿,强筋骨,安胎。

十一、蓼科

13. 穿叶蓼 *Polygonum perfoliatum* L.

别名俗名　杠板归、贯叶蓼、刺犁头。

形态特征　多年生蔓性草本。茎有棱角,红褐色,有倒生钩刺。叶互生,疏生倒钩刺,盾状着生;叶片正三角形,先端微尖,基部截形或微心形,质薄,上面绿色,无毛,下面沿叶脉疏生钩刺;托叶鞘呈叶状,近圆形,穿茎。花序短穗状,顶生或腋生,包在叶鞘内;苞片圆形,无毛,内有花 2～4;花梗短;花被 5 深裂,白色或粉红色,裂片卵形,果期稍增大,肉质,变为深蓝色;雄蕊8;花柱 3,中下部结合。小坚果球形,黑色,有光泽。花期 6～8 月;果期 8～9 月。

生境分布　生于山坡、草地、沟边、灌丛及湿草甸子等处。东北、华北、华东、华南等地有分布。

入药部位　全草,夏、秋季开花时采收,除去杂质,切段,洗净,鲜用或晒干。

性味功用　味酸、苦,性微寒。利水消肿,清热解毒,止咳。

14. 何首乌 *Fallopia multiflora*（Thunb.）Harald.

别名俗名　多花蓼、紫乌藤、夜交藤。

形态特征　多年生草本。块根肥厚,黑褐色。茎缠绕,多分枝,具纵棱,无毛,微粗糙,下部木质化。叶卵形或长卵形,先端渐尖,基部心形或近心形,两面粗糙,边缘全缘;托叶鞘膜质,偏斜。花序圆锥状,顶生或腋生,分枝开展,具细纵棱,沿棱密被小突起;苞片三角状卵形,具小突起,先端尖,每苞内具花 2～4;花梗细弱,下部具关节,果时延长;花被 5 深裂,白色或淡绿色,花被片椭圆形,大小不相等,外面 3 片较大背部具翅,果时增大,花被果时外形近圆形;雄蕊 8,花丝下部较宽;花柱 3,极短,柱头头状。瘦果卵形,具 3 棱,黑褐色,有光泽,包于宿存花被内。花期 8～9 月,果期 9～10 月。

生境分布　生于山谷灌丛、山坡林下、沟边石隙等处。陕西南部、甘肃南部、华东、华中、华南、四川、云南及贵州有分布。

入药部位　块根、茎藤(称夜交藤)。

性味功用　味苦、甘、涩,性微温。归肝、心、肾经。解毒,消痈,截疟,润肠通便。

15. 萹蓄 *Polygonum aviculare* L.

别名俗名 萹蓄蓼、扁竹、乌蓼、猪牙草、扁猪牙。

形态特征 一年生草本,高10～40cm。全株有白色粉霜。茎平卧或斜上,绿色,基部分枝多,具明显的节和纵沟纹,幼枝有棱角,茎上托叶鞘宽,短锐尖,褐色,有数脉;小枝上托叶膜质,抱茎,透明有光泽,叶互生,叶片狭椭圆形,灰白色。花小,花梗细而短,花被5裂或至中部或稍裂,裂片椭圆形,绿色,边缘白色,结果后白色边缘变为粉红色;雄蕊8,花丝短;花柱3,小坚果卵形,黑色或褐色,有3棱,大部为宿存花萼所包被。

生境分布 生于田野、荒地、路旁及乡镇住宅附近。分布于全国大部分地区。

入药部位 地上部分,除去根和杂质,切段,鲜用或晒干。

性味功用 味苦,性微寒。利尿通淋,杀虫,止痒。

16. 红蓼 *Polygonum orientale* L.

别名俗名 东方蓼、荭草大红蓼、狗尾巴吊、水红子。

形态特征 一年生草本。茎直立、节大、中空,被开展或伏生的长毛。叶卵形或宽卵形、稀卵状披针形,先端渐尖,基部圆形或宽楔形,有时略呈心形,全缘,茎下部叶较大,上部叶变狭而呈卵状披针形;托叶鞘杯状或筒状,被长毛,先端绿色,叶状,具缘毛。穗状花序圆柱形,下垂,顶生和腋生,组成疏松的圆锥花序;苞鞘状,宽卵形,被长毛,内含花1～5;花梗细,被柔毛。花被紫红色、粉红色或白色;雄蕊7,花药外露;花柱2,基部合生,柱头头状。小坚果近圆形,黑色,有光泽,长约3mm,包于花被内。花期7～8月,果期8～9月。

生境分布 生于荒地、沟边、路旁及住宅附近,常聚生成片生长。除西藏外,全国各地均有分布。

入药部位 种子(称水红花子)、全草。

性味功用 味辛,性凉。消瘀破积,健脾利湿,祛风,活血止痛。

17. 鸡爪大黄 *Rheum tanguticum* Maxim. ex Regel

别名俗名 唐古特大黄、北大黄。

形态特征 高大草本。根及根状茎粗壮,黄色。茎粗,中空,具细棱线。茎生叶大型,通常掌状5深裂,最基部一对裂片简单,中间三对裂片多为三回羽状深裂,小裂片窄长披针形,基出脉5;叶柄近圆柱状,与叶片近等长,被粗糙短毛;茎生叶较小,叶柄亦较短,裂片多更狭窄;托叶鞘大型,以后多破裂,外面具粗糙短毛。大型圆锥花序,分枝较紧聚,花小,紫红色,稀淡红色;花梗丝状;花被片近椭圆形,内轮较大;雄蕊多为9,不外露;子房宽卵形,花柱较短,平伸,柱头头状。果实矩圆状卵形到矩圆形,先端圆或平截,基部略心形,纵脉近翅的边缘。种子卵形,黑褐色。花期6月,果期7～8月。

生境分布 生于高山沟谷中。分布于甘肃、青海、西藏。

入药部位 根及根状茎(称大黄)。

性味功用 味苦,性寒。泻下攻积,清热泻火,凉血解毒,逐瘀通经,利湿退黄。

十二、商陆科

18. 商陆 *Phytolacca acinosa* Roxb.

别名俗名 章柳、山萝卜、见肿消、王母牛、倒水莲。

形态特征 多年生草本。根肥大,肉质。茎直立,圆柱形,有纵沟,肉质,绿色或红紫色。

叶片椭圆形、长椭圆形或披针状椭圆形,两面散生细小白色斑点。总状花序顶生或与叶对生,圆柱状,直立,通常比叶短;花梗基部的苞片线形;花梗细,基部变粗;花两性;花被片 5,白色、黄绿色,花后常反折;雄蕊 8～10,与花被片近等长,花丝白色,钻形,基部呈片状,宿存,花药椭圆形,粉红色;心皮通常为 8,有时少至 5 或多至 10,分离;花柱短,直立,先端下弯,柱头不明显。果序直立;浆果扁球形,熟时黑色;种子肾形,黑色。花期 5～8 月,果期 6～10 月。

生境分布　普遍野生于海拔 500～3400m 的沟谷、山坡林下及林缘路旁。我国除东北、内蒙古、青海、新疆外均有分布。

入药部位　根。

性味功用　味苦,性寒;有毒。逐水消肿,通利二便。

十三、马齿苋科

19. 马齿苋 *Portulaca oleracea* L.

别名俗名　蚂蚱菜、马齿菜、马蛇子菜、瓜子菜、五行菜。

形态特征　一年生肉质草本。全株光滑,无毛。茎圆柱形,平卧或斜上升,由基部四散分枝,向阳面带淡红褐色或紫色。叶互生或近对生;柄极短;叶片肉质肥厚,倒卵形或匙形,先端钝圆或微凹,基部阔楔形,全缘,上面深绿色,下面暗红色。花两性,较小,通常 3～5 朵簇生枝端;总苞片 4～5,三角状倒卵形;萼片 2,对生,卵形,基部与子房连合;花瓣 5,黄色,倒卵状长圆形;雄蕊 8～12,药黄色;雌蕊 1,子房半下位,1 室,花柱先端 4～6 裂,柱头呈条形。蒴果短圆锥形,棕色,盖裂。种子多数,黑褐色,表面有细点。花期 6～8 月,果期 7～9 月。

生境分布　生于路旁、荒地、田间、田边及住宅附近。分布于全国各省区。

入药部位　全草,夏、秋季采收,除去杂质,剪去残根,洗净,略蒸或烫后晒干。

性味功用　味酸,性寒。清热解毒,凉血止血,散血消肿。

十四、石竹科

20. 石竹 *Dianthus chinensis* L.

别名俗名　东北石竹、洛阳花。

形态特征　多年生草本,节部膨大。叶披针形或线状披针形,叶脉 3 或 5,中脉明显。花顶生单一或 2～3 朵簇生,花梗长,集成聚伞状花序;萼下苞 2～3 对,长约为萼筒之半或达萼齿基部;萼圆筒形,有时带紫色,萼齿直立,披针形,边缘膜质,具细睫毛,先端凸尖;花冠高脚蝶形,瓣片通常红紫色或粉紫色,广椭圆状倒卵形、广倒卵形,或为菱状广倒卵形,基部楔形,上缘具不规则牙齿。蒴果长圆状筒形;种子广椭圆状倒卵形。花期 6～8 月,果期 7～9 月。

生境分布　生于山坡、疏林下、草甸等处。分布于全国各省区。

入药部位　根及全草(作瞿麦用)。

性味功用　味苦,性寒。清热凉血,利尿通淋,破血通经,散瘀消肿。

21. 瞿麦 *Dianthus superbus* L.

别名俗名　洛阳花。

形态特征　多年生草本。茎较细,直立或稍分枝,圆筒形,中空。基生叶丛生,线状倒披针形至倒披针形,茎生叶对生,狭倒披针形至线状披针形,叶脉 3,中脉明显。花数朵,单生于疏叉状分枝的先端,具芳香;萼圆筒形,萼齿直立,披针形,急尖;瓣片粉紫色,广倒卵状楔形,流苏状深裂至中部或更深,裂片再次细裂成狭线状或丝状小裂片,爪比萼长,淡绿白色。蒴果狭圆筒形。种子广椭圆状倒卵形。花期7~8月,果期8~9月。

    生境分布   生于山野、草地、灌丛、荒地、沟边、草甸等处。分布于东北。

    入药部位   全草。

    性味功用   味苦,性寒。清热利水,破血通经。

    22. 孩儿参 *Pseudostellaria heterophylla*(Miq.)Pax

    别名俗名   异叶假繁缕、太子参。

    形态特征   多年生矮小草本。块根长纺锤形,肥厚,生细根。茎直立,有2行短柔毛。下部叶匙形或倒披针形、基部渐狭;上部叶卵状披针形,长卵形或菱状卵形;茎顶部两对叶稍密集,较大,呈“十”字形排列,下面脉上疏生毛。花二型,普通花顶生,白色;花梗有短柔毛;萼片5,披针形;花瓣5,矩圆形或倒卵形,先端2齿裂;雄蕊10;子房卵形,花柱条形。闭锁花生茎下部叶腋,小型,花梗细;萼片4,疏生柔毛;无花瓣。蒴果卵形,有少数种子;种子褐色,扁圆形或长圆状肾形,有疣状突起。花期4~5月,果期7~9月。

    生境分布   生于林下、林缘灌丛中,常聚生成片生长。分布于东北、华北、西北、华中等地。

    入药部位   根,沸水烫过再晒干。

    性味功用   味甘、微苦,性微温。补肺,生津,健脾。

    23. 麦蓝菜 *Vaccaria segetalis*(Neck.)Garcke

    别名俗名   王不留行。

    形态特征   一年生或二年生草本。全株无毛。茎直立,圆柱形,节部膨大,上部呈二叉状分枝。叶对生,无柄;叶片卵状披针形至线状披针形,先端渐尖,基部圆形或近心形而呈合生状。聚伞花序有多数花,花柄细长,下有鳞片状小苞片2;具5宽绿色带,并稍具5棱;花后基部稍膨大,先端明显狭窄;花瓣5,粉红色,倒卵形,基部具刺爪;雄蕊10,不等长;花柱2。蒴果卵形,4齿裂,包于宿存萼内;种子多数,暗黑色,球形,有明显粒状突起。花期6~7月,果期7~8月。

    生境分布   生于山地、荒地、丘陵及路旁等处。分布于东北、华北、西北、华中、华东等地。

    入药部位   种子,炒用。

    性味功用   味苦,性平。活血通经,催生下乳,消肿敛疮。

十五、藜科

    24. 地肤 *Kochia scoparia*(L.)Schrad.

    别名俗名   地白草、扫帚菜、地肤子。

    形态特征   一年生草本。根略呈纺锤形。茎直立,多分枝,如扫帚状,分枝斜上,淡绿色或浅红色,生短柔毛。叶互生,几无柄;叶片披针形或条状披针形,无毛或有稀疏短毛,基部渐狭成柄,全缘,通常具3条纵脉。花两性或雌性,通常单生或2个生于叶腋,集成稀疏的穗状花序;花被片5,基部合生,果期由背部生出三角状横突起或翅;雄蕊5,花丝丝状;雌蕊1;花柱极短,柱头2,条形,紫褐色。胞果球形,包于宿存花被片内,不开裂。种子横生,黑色或黄褐色;胚马蹄形。花期8~9月;果期9~10月。

    生境分布   生于路旁、荒地、山坡及住宅附近。全国大部分地区有分布。

    入药部位   果实(称地肤子)。

性味功用　味苦,性寒。清热利湿,祛风止痒。

十六、苋科

25. 鸡冠花 *Celosia cristata* L.
别名俗名　老来红、芦花鸡冠、笔鸡冠、凤尾鸡冠、大鸡公花、红鸡冠。

形态特征　一年生草本。茎直立,有棱。叶片卵形、卵状披针形或披针形,宽 2～6cm。花多数,极密生,呈扁平肉质鸡冠状、卷冠状或羽毛状的穗状花序,一个大花序下面有数个较小的分枝,圆锥状矩圆形,表面羽毛状;花被片红色、紫色、黄色、橙色或红色黄色相间。花、果期 7～9 月。

生境分布　全国各地栽培。

入药部位　干燥花序。

性味功用　味甘、涩,性凉。归肝、大肠经。收敛止血,止带,止痛。

26. 青葙 *Celosia argentea* L.
别名俗名　野鸡冠花、鸡冠花、百日红、狗尾草。

形态特征　一年生草本。茎直立,绿色或红色,具明显条纹。叶片矩圆披针形、披针形或披针状条形,绿色常带红色,先端急尖或渐尖,具小芒尖,基部渐狭;叶柄有或无。花多数,密生,在茎端或枝端呈单一、无分枝的塔状或圆柱状穗状花序;苞片及小苞片披针形,白色,光亮,先端渐尖,延长成细芒,具 1 中脉,在背部隆起;花被片矩圆状披针形,长,初为白色先端带红色,或全部粉红色,后成白色,先端渐尖,具 1 中脉,在背面突起;花药紫色;子房有短柄,花柱紫色。胞果卵形,包裹在宿存花被片内。种子凸透镜状肾形。花期 5～8 月,果期 6～10 月。

生境分布　野生或栽培,生于平原、田边、丘陵、山坡。全国大部分地区有分布。

入药部位　种子(称青葙子)。

性味功用　味苦、辛,性寒。清虚热,除骨蒸,解暑热,截疟,退黄。

27. 牛膝 *Achyranthes bidentata* Blume
别名俗名　牛磕膝。

形态特征　多年生草本。根圆柱形,土黄色。茎有棱角或四方形,绿色或带紫色,有白色贴生或开展柔毛,或近无毛,分枝对生,节部膨大。叶片椭圆形或椭圆披针形,少数倒披针形,两面有贴生或开展柔毛;叶柄长 5～30mm,有柔毛。穗状花序顶生及腋生,花期后反折;总花梗有白色柔毛;花多数,密生;苞片宽卵形,先端长渐尖;小苞片刺状,先端弯曲,基部两侧各有 1 卵形膜质小裂片;花被片披针形,长 3～5mm,光亮,先端急尖,有 1 中脉;退化雄蕊先端平圆,稍有缺刻状细锯齿。胞果矩圆形,黄褐色,光滑。种子矩圆形,黄褐色。花期 7～9 月,果期 9～10 月。

生境分布　生于山坡林下,海拔 200～1750m。分布于除东北外的全国大部分地区。

入药部位　根。

性味功用　味苦、甘、酸,性平。逐瘀通经,补肝肾,强筋骨,利尿通淋,引血下行。

十七、小檗科

28. 阔叶十大功劳 *Mahonia bealei* (Fort.) Carr.
别名俗名　土黄柏、土黄连、八角刺、刺黄柏、黄天竹。

形态特征 灌木或小乔木。大型单数羽状复叶,具 4~10 对小叶,叶狭倒卵形至长圆形,背面被白霜,有时淡黄绿色或苍白色,两面叶脉不显;小叶厚革质,硬直,自叶下部往上小叶渐次变长而狭,最下一对小叶卵形,具 1~2 粗锯齿,往上小叶近圆形至卵形或长圆形,基部阔楔形或圆形,偏斜,有时心形,边缘每边具 2~6 粗锯齿,先端具硬尖,顶生小叶较大。总状花序直立,通常 3~9 个簇生;芽鳞卵形至卵状披针形;花梗长 4~6cm;苞片阔卵形或卵状披针形,先端钝;花黄色;外萼片卵形;花瓣倒卵状椭圆形;雄蕊先端圆形至截形;子房长圆状卵形,胚珠 3~4。浆果卵形,深蓝色,被白粉。花期 9 月至翌年 1 月,果期 3~5 月。

生境分布 生于阔叶林、竹林、杉木林、混交林下及林缘,草坡,溪边,路旁或灌丛等处。分布于华东、华南、华中、西南等地。

入药部位 干燥茎(称功劳木)。

性味功用 味苦,性寒。清热燥湿,泻火解毒。

29. 朝鲜淫羊藿 *Epimedium koreanum* Nakai

别名俗名 淫羊藿、三枝九叶草、三叉草、羊藿叶。

形态特征 多年生草本。根状茎横走,生多数须根。茎直立,有棱。基生叶通常缺如;茎生叶单生茎顶,有长柄,为二回三出复叶;小叶 9,薄革质,有长柄,卵形,先端锐尖,基部深心形,歪斜。总状花序,通常着生花 4~6;花较大,径约 2cm;萼片 8,卵状披针形,带淡紫色,外轮 4 较小,内轮 4 较大;花瓣 4,淡黄色或黄白色,有长距;雄蕊长 3~5mm,先端尖;子房 1 室,花柱伸长。蒴果狭纺锤形,2 瓣裂,内有种子 6~8。花期 5 月,果期 6 月。

生境分布 生于山坡阴湿肥沃地或针阔叶混交林下,常聚生成片生长。吉林、辽宁、浙江、安徽山区有分布。

入药部位 叶(称淫羊藿)、根(称仙灵脾)。

性味功用 味辛、甘,性温。温肾壮阳,强筋骨,祛风寒。

30. 细叶小檗 *Berberis poiretii* Schneid.

别名俗名 三颗针、刺黄连、狗奶子。

形态特征 落叶小灌木。树皮灰褐色,有槽及疣状突起。小枝丛生,直立,有棱,灰白色或灰褐色,在短枝基部有三叉状针刺,刺三分叉或不分叉。叶狭披针形,先端急尖、渐尖或有短刺尖头,基部渐狭,无柄,全缘或下部叶边缘有齿。总状花序生于短枝端叶丛中,有花 4~15;花黄色;小苞片 2,披针形;萼片 6,花瓣状,排列成 2 轮;花瓣 6,倒卵形,较萼片稍短;雄蕊 6,子房内胚珠单生。浆果,矩圆形,熟后为红色。花期 6 月,果期 8~9 月。

生境分布 生于山坡、林缘、溪边及灌丛中。东北、内蒙古、河北、山西等地有分布。

入药部位 根(称三颗针)。

性味功用 味苦,性寒。清热解毒,健胃。

十八、防己科

31. 蝙蝠葛 *Menispermum dauricum* DC.

别名俗名 北豆根、北山豆根、黄条香。

形态特征 多年生缠绕藤本。根茎细长、横走,黄棕色或黑褐色。小枝绿色。叶互生;叶片圆肾形或卵圆形,边缘 3~7 浅裂,近三角形,先端尖,基部心形或截形,上面绿色,下面苍白色;叶柄盾状着生。腋生短圆锥花序;花小,黄绿色。核果扁球形,熟时黑紫色,内果皮坚硬,肾状扁圆形,有环状突起的雕纹。花期 5～6 月,果期 7～9 月。

生境分布　生于路边灌丛或疏林中。分布于东北、华北、华东等地。

入药部位　根茎(称北豆根),春、秋二季采挖。

性味功用　味苦,性寒。清热解毒,消肿止痛。

32. 粉防己 *Stephania tetrandra* S. Moore

别名俗名　汉防己、石蟾蜍。

形态特征　多年生落叶缠绕藤本。根圆柱状而弯曲,形如猪大肠,断面有菊花状的"蜘蛛网纹"。茎纤细,有纵条纹。叶互生,宽三角状卵形,先端钝,具小突尖,基部截形或略心形,掌状脉 5;叶柄盾状着生。花小,单性,雌雄异株;雄花序为头状聚伞花序,排成总状,萼片 4,花瓣 4;雌花萼片、花瓣与雄花同。核果球形,熟时红色。花期 5～6 月,果期 7～9 月。

生境分布　生于山坡、丘陵地带的草丛及灌木林缘。主产于浙江、安徽、湖北、江西等地。

入药部位　根(称防己),秋季采挖。

性味功用　味苦,性寒。利水消肿,祛风止痛。

十九、睡莲科

33. 莲 *Nelumbo nucifera* Gaertn.

别名俗名　荷花、菡萏。

形态特征　多年生水生草本。根茎横生,节间膨大,内有多数纵行通气孔洞。节上生叶,露出水面;叶柄着生于叶背中央,多刺,叶片圆形,全缘或稍呈波状。花单生于花梗先端,花梗也散生小刺;花芳香,红色、粉红色或白色;花瓣椭圆形或倒卵形;心皮多数埋藏于膨大的花托内。坚果椭圆形,果皮坚硬。种皮红色或白色。花期 6～8 月,果期 8～10 月。

生境分布　生于水泽、池塘、湖沼或水田内,野生或栽培。分布于全国各地。

入药部位　根茎节部(称藕节),秋、冬二季采挖。叶(称荷叶),夏、秋二季采收。花托(称莲房),秋季果实成熟时采割。雄蕊(称莲须),夏季花开时选晴天采收。种子(称莲子),秋季果实成熟时采割。胚根(称莲子心)。

性味功用　藕节:味甘、涩,性平。收敛止血,化瘀。荷叶:味苦,性平。清暑化湿,升发清阳,凉血止血。莲房:味苦、涩,性温。化瘀止血。莲须:味甘、涩,性平。固肾涩精。莲子:味甘、涩,性平。补脾止泻,止带,益肾涩精,养心安神。莲子心:味苦,性寒。清心安神,交通心肾,涩精止血。

34. 芡实 *Euryale ferox* Salisb.

别名俗名　鸡头莲、鸡头米。

形态特征　一年生大型水生草本。具白色须根。初生叶沉水,后生叶圆盾状;浮水叶革质,椭圆肾形至圆形,全缘;叶柄及花梗粗壮,中空,皆有硬刺。花梗顶生花 1;萼片披针形,肉质,外面密生稍弯硬刺;花瓣多数,长圆状披针形或披针形;雄蕊多数。浆果球形,外部密生硬刺;种子球形,黑色。花期 7～8 月,果期 8～9 月。

生境分布　生于池沼、湖泊及水泡子中。分布于东北、华北、华东、华南等地。

入药部位　种仁,秋末采收。

性味功用　味甘、涩,性平。益肾固精,补脾止泻,祛湿止带。

二十、三白草科

35. 蕺菜 *Houttuynia cordata* Thunb.

别名俗名 鱼腥草、九节莲、折耳根。

形态特征 多年生腥臭草本。茎下部伏地,节上轮生小根,上部直立。叶互生;有腺点;托叶膜质,条形,下部与叶柄合生为叶鞘,基部扩大,略抱茎;叶片卵形或阔卵形,基部心形,全缘,上面绿色,下面常呈紫红色。穗状花序生于茎顶,与叶对生;总苞片4,白色;无花被。蒴果卵圆形,先端开裂。花期5～6月,果期10～11月。

生境分布 生长于沟边、溪边及潮湿的疏林下。分布于陕西、甘肃及长江流域以南各地。

入药部位 新鲜全草或干燥地上部分(称鱼腥草)。鲜品全年均可采割,干品夏季茎叶茂盛花穗多时采割。

性味功用 味辛,性微寒。清热解毒,消痈排脓,利尿通淋。

二十一、樟科

36. 肉桂 *Cinnamomum cassia* Presl

别名俗名 菌桂、牡桂、玉桂。

形态特征 常绿乔木。树皮灰褐色,芳香。幼枝略呈四棱形。叶互生,革质;长椭圆形至近披针形;具离基3出脉。圆锥花序腋生或近顶生,被短柔毛;花小,黄绿色,内外密生短柔毛。浆果椭圆形或倒卵形,先端稍平截,暗紫色,外有宿存花被。种子长卵形,紫色。花期5～7月,果期至次年2～3月。

生境分布 生于常绿阔叶林中,但多为栽培。分布于华南及云南等地的热带、亚热带地区。

入药部位 树皮(称肉桂)、嫩枝(称桂枝)。

性味功用 肉桂:味辛、甘,性大热。补火助阳,引火归元,散寒止痛,温通经脉。桂枝:味辛、甘,性温。发汗解肌,温通经脉,助阳化气,平冲降气。

二十二、木兰科

37. 玉兰 *Magnolia denudata* Desr.

别名俗名 木笔花、望春花、白玉兰。

形态特征 落叶乔木。嫩枝有毛,冬芽密被淡灰黄色长绢毛。叶互生,倒卵形或宽倒卵形,先端宽圆,常具急短尖。花与叶同时开放或先叶开放;花梗显著膨大,密被淡黄色长绢毛;花被片9,大小近相等,3轮,白色,矩圆状倒卵形;雌蕊群圆柱形,雌蕊狭卵形。聚合果圆柱形,淡褐色。花期2～3月。果期6～7月。

生境分布 生于阔叶林中,多为栽培。分布于安徽、浙江、江西、湖南、广东等地。

入药部位 花蕾(称辛夷),冬末春初花未开放时采收。

性味功用 味辛,性温。散风寒,通鼻窍。

38. 厚朴 *Magnolia officinalis* Rehd. et Wils.

别名俗名 川朴、紫油厚朴。

形态特征 落叶乔木。树皮紫褐色,小枝粗壮,淡黄色或灰黄色。冬芽粗大,圆锥形,芽鳞被浅黄色茸毛;托叶痕长约为叶柄的 2/3;叶近革质,大,长圆状倒卵形,先端短尖或钝圆,上面无毛,下面被灰色柔毛。花单生,芳香,花被外轮 3 绿色,内轮 2 白色。聚合果长圆形,蓇葖果具喙。外种皮红色。花期 4～5 月,果期 9～10 月。

生境分布　生于落叶阔叶林内,或生于常绿阔叶林缘。分布于陕西、甘肃及长江流域各省。

入药部位　干皮、根皮及枝皮(称厚朴),4～6 月剥取采收。花蕾(称厚朴花),春季花未开放时采摘。

性味功用　厚朴:味苦、辛,性温。燥湿消痰,下气除满。厚朴花:味苦,性微温。芳香化湿,理气宽中。

二十三、五味子科

39. 五味子 *Schisandra chinensis*（Turcz.）Baill.

别名俗名　五梅子、山花椒。

形态特征　落叶木质藤本。茎皮灰褐色,皮孔明显,小枝褐色,稍具棱角。叶互生,柄细长;叶片卵形,边缘有小齿牙,上面绿色,下面淡黄色,有芳香。花单性,雌雄异株;雄花具长梗;雌花雌蕊多数,螺旋状排列在花托上,受粉后花托逐渐延长成穗状。浆果球形,成熟时呈深红色,内含种子 1～2。

生境分布　生于沟谷、溪旁、山坡。分布于东北、华北及湖北、湖南、江西、四川等地。

入药部位　果实,秋季果实成熟时采摘。

性味功用　味酸、甘,性温。收敛固涩,益气生津,补肾宁心。

40. 华中五味子 *Schisandra sphenanthera* Rehd. et Wils.

别名俗名　山花椒、南五味子。

形态特征　落叶木质藤本。枝细长,红褐色,有皮孔。叶椭圆形,基部楔形或近圆形,边缘有疏锯齿。花单性,异株,单生或 1～2 朵生于叶腋,橙黄色;花梗纤细;花被片 5～9;雄蕊 10～15,雄蕊柱倒卵形;雌蕊群近球形。聚合浆果,近球形,红色,肉质。种子长圆体形或肾形。花期 5～7 月,果期 8～10 月。

生境分布　生于湿润山坡边或灌丛中。分布于华中、华东、西南及陕西、甘肃等地。

入药部位　果实(称南五味子),秋季果实成熟时采摘。

性味功用　味酸、甘,性温。收敛固涩,益气生津,补肾宁心。

二十四、木通科

41. 大血藤 *Sargentodoxa cuneata*（Oliv.）Rehd. et Wils.

别名俗名　红皮藤、红血藤、红藤。

形态特征　落叶藤本。茎褐色,圆形,有条纹。三出复叶互生;叶柄长,上面有槽;中间小叶菱状卵形,两侧小叶较大,基部两侧不对称。花单性,雌雄异株,总状花序腋生,下垂;雄花黄色,萼片 6,菱状圆形;雌花萼片、花瓣同雄花。浆果卵圆形。种子卵形,黑色,有光泽。花期 3～5 月,果期 8～10 月。

生境分布　生于山坡疏林、溪边,有栽培。主产于华东、华中及四川、江西等地。

入药部位　茎,秋、冬二季采收。

性味功用 苦,平。清热解毒,活血,祛风止痛。

二十五、毛茛科

42. 乌头 *Aconitum carmichaeli* Debx.

别名俗名 川乌、乌喙。

形态特征 多年生草本。块根通常2～3个连生在一起,呈圆锥形或卵形,母根称乌头,旁生侧根称附子;外表茶褐色,内部乳白色,粉状肉质。茎直立。叶互生,革质,卵圆形,有柄,掌状二至三回分裂,裂片有缺刻。总状花序生于先端叶腋,花冠像盔帽,蓝紫色;萼片5,花瓣2。蓇葖果长圆形。种子黄色。花期9～10月,果熟期10月。

生境分布 生于山地草坡或灌丛中。分布于长江中下游,北自山东东部至秦岭、南达广西南部的地区。

入药部位 母根(称川乌)、子根(称附子),均于6月下旬至8月上旬采挖。

性味功用 川乌:味辛、苦,性热;有大毒。祛风除湿,温经止痛。附子:味辛、甘,性大热;有大毒。回阳救逆,补火助阳,散寒止痛。

43. 多被银莲花 *Anemone raddeana* Regel

别名俗名 两头尖、老鼠屎、竹节香附。

形态特征 多年生草本。根状茎横走。基生叶1,有长柄;叶片3全裂;裂片有细柄,3或2深裂;叶柄有疏柔毛。苞片3,近扇形,3全裂;花梗1,被毛;萼片9～15,白色,长圆形,先端圆或钝,无毛;雄蕊多数,花药椭圆形,花丝细长;子房密被柔毛,花柱稍弯,无毛。瘦果,具细毛。花期4～6月,果期5～8月。

生境分布 生于山地林中或草地阴处。分布于山东东北部、辽宁、吉林及黑龙江。

入药部位 根茎(称两头尖),夏季采挖。

性味功用 味辛,性热;有毒。祛风湿,消痈肿。

44. 辣蓼铁线莲 *Clematis terniflora* DC. var. *mandshurica* (Rupr.) Ohwi

别名俗名 东北铁线莲、山辣椒秧子。

形态特征 多年生草质藤本类。须根系。叶为一至二回羽状复叶,对生,全缘,鲜叶有辣味。圆锥花序;萼片4～5,白色,长圆形至倒卵状长圆形,沿边缘密被白色茸毛;雄蕊多数,比萼片短;心皮多数,被白色柔毛。瘦果卵形,扁平,先端有宿存花柱,弯曲,被有白色柔毛。花期6～8月,果期7～9月。

生境分布 生于山坡灌丛、杂木林缘或林下。分布于东北、华北。

入药部位 根及根茎(称威灵仙),春、秋季采挖。

性味功用 味辛、咸,性温。祛风湿,通经络,止痛。

45. 威灵仙 *Clematis chinensis* Osbeck

别名俗名 铁脚威灵仙、铁耙头。

形态特征 木质藤本。干后全株变黑色。茎近无毛。叶对生;一回羽状复叶,小叶5,有时3或7;小叶片纸质,窄卵形,全缘,两面近无毛,或下面疏生短柔毛。圆锥状聚伞花序,多花,腋生或顶生;花两性;萼片4,白色,先端常凸尖,外面边缘密生茸毛;花瓣无。瘦果扁卵形,宿存花柱羽毛状。花期6～9月,果期8～11月。

生境分布 分布于全国各地。

入药部位 根及根茎,秋季采挖。

性味功用 味辛、咸,性温。祛风湿,通经络。

46. 白头翁 *Pulsatilla chinensis* (Bunge) Regel

别名俗名 老公花、毛姑朵花。

形态特征 多年生草本。根状茎粗。基生叶 4~5,开花时长出地面,叶 3 全裂;叶柄长,被密长柔毛;叶片轮廓宽卵形,下面密被长柔毛,3 全裂,中央全裂片 3 深裂。花葶 1~2,花后生长,苞片 3,外面密被长柔毛;花两性,单朵,直立;萼片 6,狭卵形或长圆状卵形,蓝紫色,外面密被柔毛;花瓣无。瘦果被长柔毛,顶部有羽毛状宿存花柱。花期 4~5 月,果期 6~7 月。

生境分布 生于平原或低山山坡草地、林缘或干旱多石的坡地。分布于东北、华北及陕西、甘肃、山东、江苏、安徽、河南、湖北、四川。

入药部位 根,春、秋二季采挖。

性味功用 味苦,性寒。清热解毒,凉血止痢。

47. 升麻 *Cimicifuga foetida* L.

别名俗名 马尿杆、火筒杆。

形态特征 多年生草本。根茎呈不规则块状,有洞状的茎痕。茎直立,上部有分枝,被短柔毛。数回羽状复叶;叶柄密被柔毛;小叶片卵形或披针形,边缘有深锯齿,两面被短柔毛。复总状花序着生于叶腋或枝顶;花序轴密被灰色或锈色腺毛及短柔毛;花两性;萼片 5,卵形,白色;蜜叶(退化雄蕊)2,先端 2 裂,白色;雄蕊多数,花丝长短不一,比萼片长;心皮 2~5,被腺毛。蓇葖果长矩圆形,略扁,先端有短小宿存花柱,略弯曲。花期 7~8 月,果期 9 月。

生境分布 生于林下、山坡草丛中。分布于云南、贵州、四川、湖北、青海、甘肃、陕西、河南、山西、河北、内蒙古、江苏等地。

入药部位 根茎,秋季采挖。

性味功用 味辛、微甘,性微寒。发表透疹,清热解毒,升举阳气。

48. 黄连 *Coptis chinensis* Franch

别名俗名 王连、支连、鸡爪连、味连。

形态特征 多年生草本。根茎黄色,常分枝,密生须根。叶全部基生;叶片卵状三角形,3 全裂,中央全裂片卵状菱形,边缘有锐锯齿,表面沿脉被短柔毛。花葶 1~2;二歧或多歧聚伞花序,有花 3~8;苞片披针形,羽状深裂;萼片 5,黄绿色;花瓣线形或线状披针形。蓇葖果 6~12mm。花期 2~4 月,果期 3~6 月。

生境分布 生于山地密林中或山谷阴凉处,野生或栽培。分布于四川、贵州、湖北、陕西等地。

入药部位 根茎,秋季采挖。

性味功用 味苦,性寒。清热燥湿,泻火解毒。

二十六、马兜铃科

49. 细辛 *Asarum sieboldii* Miq.

别名俗名 白细辛、马蹄香。

形态特征 多年生草本。根茎直立或横走。叶通常 2;叶片心形或卵状心形,先端渐尖或急尖,基部深心形,上面疏生短毛,脉上较密,下面仅脉上被毛。花紫黑色;花被管钟状,内壁有疏离纵行脊皱;花被裂片三角状卵形,直立或近平展。蒴果近球状。花期4～5月,果期5月。

生境分布　生于林下阴湿腐殖质土中。分布于陕西、山东、安徽、浙江、江西、河南等地。

入药部位　根和根茎(称细辛)。

性味功用　味辛,性温。解表散寒,祛风止痛,通窍,温肺化饮。

50. 马兜铃 *Aristolochia debilis* Sieb. et Zucc.

别名俗名　水马香果、蛇参果。

形态特征　草质藤本。根圆柱形,具香气。茎缠绕,无毛。叶互生;叶片卵状三角形,先端钝圆,基部心形,两侧裂片圆形。花单生或2朵聚生于叶腋;花被基部膨大呈球形,向上收狭成一长管,管口扩大呈漏斗状,黄绿色,口部有紫斑;檐部一侧极短,另一侧渐延伸成舌片;舌片卵状披针形。蒴果近球形,具6棱。种子扁平。花期7～8月,果期9～10月。

生境分布　生于山谷、沟边阴湿处或灌丛中。分布于山东、河南及长江流域以南各地。

入药部位　果实(称马兜铃),秋季果实由绿变黄时采收。地上部分(称天仙藤),秋季采割。

性味功用　马兜铃:味苦,性微寒。清肺降气,止咳平喘,清肠消痔。天仙藤:味苦,性温。行气活血,通络止痛。

二十七、芍药科

51. 牡丹 *Paeonia suffruticosa* Andr.

别名俗名　木芍药、百雨金。

形态特征　落叶亚灌木。根粗大。茎直立。叶互生,纸质;叶通常为二回三出复叶,或二回羽状复叶,近枝顶的叶为3小叶,顶生小叶常深3裂,裂片2～3浅裂或不裂,上面绿色,无毛,下面淡绿色,有时被白粉;侧生小叶狭卵形或长圆状卵形。花两性,单生枝顶;苞片5,长椭圆形,大小不等;萼片5,宽卵形,大小不等,绿色,宿存;花瓣5,或为重瓣,倒卵形,紫色、红色、粉红色、玫瑰色、黄色、豆绿色或白色,变异很大;雄蕊多数,花药黄色;花盘杯状;心皮5,稀更多,离生,绿色,密被柔毛。聚合蓇葖果,密被黄褐色硬毛。花期4～5月,果期6～7月。

生境分布　生于向阳及土壤肥沃的地方,常栽培于庭园。全国各地多有栽培供观赏。

入药部位　根皮,秋季采挖。

性味功用　味苦、辛,性微寒。清热凉血,活血化瘀。

附:凤丹 *Paeonia ostii* T. Hong et J. X. Zhang

与牡丹相似,主要区别为:叶为一至二回羽状复叶;花单生枝顶,较大,花冠多白色;花盘革质,紫红色;心皮5～8枚,密生白色柔毛。安徽有大量栽培。入药部位及性味功用同牡丹。

52. 芍药 *Paeonia lactiflora* Pall.

别名俗名　将离、离草。

形态特征　多年生草本,无毛。根纺锤形或圆柱形。叶互生;位于茎顶部者叶柄较短;茎下部叶为二回三出复叶,上部叶为三出复叶;小叶狭卵形、椭圆形或披针形,边缘具软骨质细齿,两面无毛。花两性,花瓣9～13,倒卵形,白色,有时基部具深紫色斑块或粉红色,栽培品花瓣各色并具重瓣。蓇葖果卵形或卵圆形。花期5～6月,果期6～8月。

生境分布　生于山坡草地及林下。分布于东北、华北、华中、华东及陕西等地。全国各地均有栽培。

入药部位　去栓皮的根(称白芍),夏、秋二季采挖;根(称赤芍),春、秋二季采挖。

性味功用　白芍:味苦、酸,性微寒。养血调经,敛阴止汗,柔肝止痛,平抑肝阳。赤芍:味苦,性微寒。清热凉血,散瘀止痛。

二十八、罂粟科

53. 延胡索 *Corydalis yanhusuo* W. T. Wang

别名俗名　玄胡索、元胡索、元胡。

形态特征　多年生草本。块茎扁球形,上部略凹陷,下部生须根,断面深黄色。茎直立或倾斜,常单一。基生叶 2～4;叶片轮廓宽三角形,二回三出全裂,末回裂片披针形至长椭圆形;茎生叶常 2,互生,较基生叶小而同形。总状花序顶生;花冠淡紫红色,中下部延伸成长距。蒴果条形,熟时 2 瓣裂。种子 1 列。花期 3～4 月,果期 4～5 月。

生境分布　生于山地林下,或为栽培。分布于河北、山东、江苏、浙江、安徽等地。

入药部位　块茎,夏初茎叶枯萎时采挖。

性味功用　味辛、苦,性温。活血,行气,止痛。

54. 白屈菜 *Chelidonium majus* L.

别名俗名　地黄连、牛金花、土黄连。

形态特征　多年生草本,含橘黄色乳汁。主根圆锥形,土黄色或暗褐色,密生须根。茎直立,多分枝,有白粉,具白色细长柔毛。叶互生,一至二回奇数羽状分裂;基生叶裂片 5～8 对;茎生叶裂片 2～4 对,上面近无毛,下面疏生柔毛。花数朵,排列成伞形聚伞花序;萼片 2,椭圆形,淡绿色;花瓣 4,卵圆形或长卵状倒卵形,黄色;雄蕊多数,分离;雌蕊细圆柱形,柱头 2 浅裂。蒴果狭圆柱形。花期 5～8 月,果期 6～9 月。

生境分布　生于山谷湿润地、水沟边、绿林草地或草丛中。分布于东北、华北、西北及江苏、江西、四川等地。

入药部位　全草,夏、秋二季采挖。

性味功用　味苦,性凉;有毒。解痉止痛,止咳平喘。

二十九、十字花科

55. 菥蓂 *Thlaspi arvense* L.

别名俗名　遏蓝菜、败酱草、犁头草。

形态特征　一年生草本。茎直立,具棱。基生叶倒卵状长圆形,先端圆钝或急尖,基部抱茎,两侧箭形,边缘具疏齿。总状花序顶生;花白色;萼片直立,卵形,先端圆钝;花瓣长圆状倒卵形,先端圆钝或微凹。短角果近圆形或倒卵形,扁平,边缘有宽翅,先端有深凹缺。种子倒卵形,稍扁平,棕褐色,表面有颗粒状环纹。花期 3～4 月,果期 5～6 月。

生境分布　生于平地路旁、沟边或村落附近。几乎遍及全国。

入药部位　地上部分,夏季果实成熟时采割。

性味功用　味辛,性微寒。清肝明目,和中利湿,解毒消肿。

56. 菘蓝 *Isatis indigotica* Fortune

别名俗名　茶蓝、板蓝根、大青叶。

形态特征　二年生草本,光滑被粉霜。根肥厚,近圆锥形,表面土黄色。基生叶莲座状,长圆形至宽倒披针形;茎顶部叶宽条形,全缘,基部箭形,半抱茎。总状花序顶生或腋生,在枝顶组成圆锥状;花瓣黄色,宽楔形。短角果近长圆形,扁平,无毛,边缘具膜质翅。种子1,长圆形,淡褐色。花期4～5月,果期5～6月。

    生境分布   生于山地林缘较潮湿的地方,野生或栽培。全国各地均有栽培。

    入药部位   叶(称大青叶),夏、秋二季采收;根(称板蓝根),秋季采挖。

    性味功用   大青叶:味苦,性寒。清热解毒,凉血消斑。板蓝根:味苦,性寒。清热解毒,凉血利咽。

    57. 独行菜 *Lepidium apetalum* Willd.

    别名俗名   腺独行菜、葶苈子。

    形态特征   一年或二年生草本。茎直立,有分枝,无毛或具微小头状毛。基生叶窄匙形,一回羽状浅裂或深裂;茎上部叶线形,有疏齿或全缘。总状花序,花瓣不存或退化成丝状,比萼片短。短角果近圆形或宽椭圆形,扁平,先端微缺,上部有短翅。种子椭圆形,平滑,棕红色。花期5～6月,果期6～8月。

    生境分布   生于田野、路旁、沟边及村屯、住宅附近等处。分布于全国各地。

    入药部位   种子(称葶苈子),夏季果实成熟时采收。

    性味功用   味辛、苦,性寒。清热止血,泻肺平喘,行水消肿。

    58. 播娘蒿 *Descurainia sophia* (L.) Webb. ex Prantl

    别名俗名   野芥菜、南葶苈子、麦蒿。

    形态特征   一年生或二年生草本。全株呈灰白色。茎直立,上部分枝,密被分枝状短柔毛。叶二至三回羽状全裂或深裂。总状花序顶生,具多数花;花瓣黄色,匙形,与萼片近等长。长角果圆筒状,稍内曲,与果梗不成直线。种子每室1行,圆形稍扁,淡红褐色,表面有细网纹。花、果期4～7月。

    生境分布   生于山坡、田野和农田。分布于东北、华北、西北、华东、西南等地。

    入药部位   种子(称南葶苈子),夏季果实成熟时采收。

    性味功用   味辛、苦,性大寒。泻肺平喘,行水消肿。

三十、杜仲科

    59. 杜仲 *Eucommia ulmoides* Oliver

    别名俗名   丝楝树皮、丝棉皮、棉树皮。

    形态特征   落叶乔木。皮、枝及叶均含有白色胶丝。单叶互生;叶片椭圆形、卵形或长圆形。花单性,雌雄异株,生于当年枝基部;雄花无花被,花梗无毛;雌花单生。翅果扁平,长椭圆形,先端2裂,基部楔形,周围具薄翅;坚果位于中央,与果梗相接处有关节。花期4～5月,果期10月。

    生境分布   生于低山、谷地或疏林中。分布于西北、华中、华东、西南等地。

    入药部位   树皮(称杜仲),4～6月剥取。叶(称杜仲叶),夏、秋二季枝叶茂盛时采收。

    性味功用   杜仲:味甘,性温。补肝肾,强筋骨,安胎。杜仲叶:味微辛,性温。补肝肾,强筋骨。

三十一、虎耳草科

60. 虎耳草 *Saxifraga stolonifera* Curt.

别名俗名 石荷叶、金线吊芙蓉、老虎耳。

形态特征 多年生草本。鞭匐枝细长,密被卷曲长腺毛,具鳞片状叶。茎被长腺毛,具1～4枚苞片状叶。基生叶具长柄,叶片近心形、肾形至扁圆形,裂片边缘具不规则齿牙和腺睫毛,腹面绿色,被腺毛,背面通常红紫色,被腺毛,有斑点,具掌状达缘脉序;叶柄被长腺毛;茎生叶披针形。聚伞花序圆锥状;花序分枝;花梗均被腺毛;花两侧对称;萼片在花期开展至反曲,卵形,边缘具腺睫毛,腹面无毛,背面被褐色腺毛,3脉于先端汇合成1疣点;花瓣白色,花丝棒状;花盘半环状,边缘具瘤突。花、果期4～11月。

生境分布 生于海拔400～4500m的林下、灌丛和阴湿岩隙。产于陕西、河北、安徽等地。

入药部位 干燥的全草。

性味功用 味微苦、辛,性寒;有小毒。祛风清热,凉血解毒。

三十二、蔷薇科

61. 皱皮木瓜 *Chaenomeles speciosa*（Sweet）Nakai

别名俗名 木瓜、宣木瓜、贴梗海棠、铁脚海棠。

形态特征 落叶灌木。枝条直立开展,有刺;小枝圆柱形,无毛,紫褐色或黑褐色,有疏生浅褐色皮孔;冬芽三角卵形,近于无毛或在鳞片边缘具短柔毛,紫褐色。叶片卵形至椭圆形,稀长椭圆形;托叶大形,草质,肾形或半圆形,边缘具尖锐重锯齿,无毛。花先叶开放,3～5朵簇生于二年生老枝上;花梗短粗;萼筒钟状;萼片直立;花瓣倒卵形或近圆形,基部延伸成短爪,猩红色。果实球形或卵球形,黄色或带黄绿色,有稀疏不显明斑点,味芳香;果梗短或近于无梗。花期3～5月,果期9～10月。

生境分布 产于安徽、湖北、陕西、甘肃、四川、贵州、云南、广东。

入药部位 干燥近成熟果实(称木瓜)。

性味功用 味酸,性温。舒筋活络,和胃化湿。

62. 桃 *Amygdalus persica* L.

形态特征 乔木。树皮暗红褐色,老时粗糙呈鳞片状;小枝细长,无毛,有光泽,绿色,向阳处转变成红色,具大量小皮孔。叶片长圆披针形、椭圆披针形或倒卵状披针形。花单生,先于叶开放;花梗极短或几无梗;花瓣长圆状椭圆形至宽倒卵形,粉红色,罕为白色。果实常在向阳面具红晕,外面密被短柔毛,稀无毛,果梗短;果肉白色、浅绿白色等,多汁有香味,甜或酸甜;核大,离核或粘核,椭圆形或近圆形,两侧扁平,先端渐尖,表面具纵、横沟纹和孔穴。种仁味苦,稀味甜。花期3～4月,果实成熟期因品种而异,通常为8～9月。

生境分布 原产于我国,各省区广泛栽培。世界各地均有栽植。

入药部位 干燥成熟的种子(称桃仁)。

性味功用 味苦、甘,性平。活血祛瘀,润肠通便,止咳平喘。

63. 委陵菜 *Potentilla chinensis* Ser.

别名俗名 一白草、生血丹、天青地白。

形态特征 多年生草本。根粗壮,圆柱形,稍木质化。花茎直立或上升,被稀疏短柔毛及白色绢状长柔毛。基生叶为羽状复叶,有小叶,小叶片对生或互生,上部小叶较长,向下逐渐减小;茎生叶与基生叶相似,唯叶片对数较少;基生叶托叶近膜质,褐色,外面被白色绢状长柔毛;茎生叶托叶草质,绿色,边缘锐裂。伞房状聚伞花序;花梗基部有披针形苞片;萼片三角卵形,副萼片带形或披针形;花瓣黄色,宽倒卵形;花柱近顶生,柱头扩大。瘦果卵球形,深褐色,有明显皱纹。花、果期4~10月。

生境分布 生于山坡草地、沟谷、林缘、灌丛或疏林下。产于黑龙江、吉林、辽宁等地。

入药部位 干燥全草。

性味功用 味苦,性寒。清热解毒,凉血止痢。

64. 翻白草 *Potentilla discolor* Bge.

别名俗名 鸡腿根、天藕、翻白萎陵菜、叶下白。

形态特征 多年生草本。根粗壮,下部常肥厚呈纺锤形。花茎直立,上升或微铺散,密被白色绵毛。基生叶有小叶2~4对,叶柄密被白色绵毛,有时并有长柔毛;小叶对生或互生,无柄;茎生叶1~2,有掌状3~5小叶;基生叶托叶膜质,褐色,外面被白色长柔毛;茎生叶托叶草质,绿色,卵形或宽卵形,边缘常有缺刻状牙齿,稀全缘,下面密被白色绵毛。聚伞花序有花数朵至多朵,疏散;花梗外被绵毛;萼片三角状卵形,副萼片披针形,外面被白色绵毛;花瓣黄色,倒卵形,先端微凹或圆钝;花柱近顶生。瘦果近肾形,光滑。花、果期5~9月。

生境分布 生于荒地、山谷、山坡草地、草甸及疏林下。产于黑龙江、辽宁、河北等地。

入药部位 干燥全草。

性味功用 味甘、微苦,性平。清热解毒,止痢,止血。

65. 龙芽草 *Agrimonia pilosa* Ldb.

别名俗名 瓜香草、老鹤嘴、仙鹤草。

形态特征 多年生草本。根多呈块茎状,周围长出若干侧根,基部常有1至数个地下芽。茎被疏柔毛及短柔毛。叶为间断奇数羽状复叶,通常有小叶3~4对,叶柄被稀疏柔毛或短柔毛;小叶片倒卵形;托叶草质,绿色,镰形,茎下部托叶有时卵状披针形,常全缘。穗状总状花序顶生,花序轴和花梗均被柔毛;苞片常深3裂,裂片带形,小苞片对生,卵形;萼片三角卵形;花瓣黄色。果实倒卵圆锥形,先端有数层钩刺,幼时直立,成熟时靠合,有连钩刺。花、果期5~12月。

生境分布 常生于溪边、路旁、草地、灌丛、林缘及疏林下。全国各地均产。

入药部位 干燥地上部分。

性味功用 味苦、涩,性平。收敛止血,截疟,止痢,解毒,补虚。

66. 路边青 *Geum aleppicum* Jacq.

别名俗名 蓝布正、水杨梅。

形态特征 多年生草本,须根多数,全株有长刚毛。茎直立,粗壮。基生叶羽状全裂或近羽状复叶,顶裂片3裂或具缺刻,先端急尖,基部楔形或近心形,边缘有大锯齿,两面疏生长刚毛;茎生叶3~5,卵形,3浅裂或羽状分裂。花单生茎顶,黄色,花瓣5,倒卵形或近圆形。聚合果球形,宿存花柱先端有长钩刺。花期6~9月,果期7~9月。

生境分布 生于山坡、草地、路旁、灌丛、荒地及住宅附近。分布于东北、华北等地。

入药部位 全草(称蓝布正),夏、秋季采收。

性味功用 味甘、辛,性平。祛风除湿,补血,活血消肿,止痛,健胃润肺。

67. 覆盆子 _Rubus idaeus_ L.

别名俗名 悬钩子、覆盆莓、树莓。

形态特征 灌木。枝褐色或红褐色,幼时被茸毛状短柔毛,疏生皮刺。小叶 3～7,花枝上有时具 3 小叶,不孕枝上常 5～7 小叶,顶生小叶常卵形,有时浅裂,基部近心形,边缘有不规则粗锯齿或重锯齿;顶生小叶柄均被茸毛状短柔毛和稀疏小刺;托叶线形,具短柔毛。花生于侧枝先端呈短总状花序,总花梗和花梗及花萼外面均密被茸毛状短柔毛和疏密不等的针刺;苞片线形;萼片卵状披针形;花瓣匙形,白色,基部有宽爪。果实近球形,多汁液,红色或橙黄色,密被短茸毛。花期 5～6 月,果期 8～9 月。

生境分布 生于山地杂木林边、灌丛或荒野。主要分布于辽宁、内蒙古、吉林、福建等地。

入药部位 干燥果实。

性味功用 味甘、酸,性温。益肾固精缩尿,养肝明目。

68. 地榆 _Sanguisorba officinalis_ L.

别名俗名 黄爪香、玉札、山枣子。

形态特征 多年生草本。根粗壮,多呈纺锤形,稀圆柱形,表面棕褐色或紫褐色,有纵皱及横裂纹。茎直立,有棱,无毛或基部有稀疏腺毛。基生叶为羽状复叶,有小叶 4～6 对;茎生叶较少,小叶片长圆形至长圆披针形,狭长;基生叶托叶膜质,褐色;茎生叶托叶大,草质,半卵形,外侧边缘有尖锐锯齿。穗状花序椭圆形、圆柱形或卵球形;苞片膜质,披针形,萼片 4,紫红色;雄蕊 4,花丝丝状;柱头盘形,边缘具流苏状乳头。果实包藏在宿存萼筒内,外面有斗棱。花、果期 7～10 月。

生境分布 生于草原、草甸、灌丛中、疏林下。产于黑龙江、吉林、辽宁、内蒙古等地。

入药部位 干燥的根。

性味功用 味苦、酸、涩,性微寒。凉血止血,解毒敛疮。

69. 山杏 _Armeniaca sibirica_ (L.) Lam.

别名俗名 西伯利亚杏。

形态特征 灌木或小乔木。树皮暗灰色;小枝无毛,灰褐色或淡红褐色。叶片卵形或近圆形,叶边有细钝锯齿,两面无毛;叶柄无毛。花单生,先于叶开放;花萼紫红色;萼筒钟形,萼片长圆状椭圆形,花后反折;花瓣近圆形或倒卵形,白色或粉红色。果实扁球形,黄色或橘红色,有时具红晕,被短柔毛;果肉较薄而干燥,成熟时沿腹缝线开裂,味酸涩不可食;核扁球形,两侧扁,先端圆形,基部一侧偏斜,不对称,表面较平滑,腹面宽而锐利。种仁味苦。花期 3～4 月,果期 6～7 月。

生境分布 生于向阳山坡、丘陵草原,或与落叶乔灌木混生。产于黑龙江、吉林、辽宁等地。

入药部位 干燥成熟种子(称苦杏仁)。

性味功用 味苦,性微温;有小毒。降气止咳平喘,润肠通便。

70. 枇杷 _Eriobotrya japonica_ (Thunb.) Lindl.

别名俗名 卢桔。

形态特征 常绿小乔木。小枝粗壮,黄褐色,密生锈色或灰棕色茸毛。叶片革质,披针形、倒披针形、倒卵形;叶柄短或几无柄,有灰棕色茸毛;托叶钻形,先端急尖,有毛。圆锥花序顶生,具多花;总花梗和花梗密生锈色茸毛;苞片钻形,萼筒浅杯状,萼片三角卵形,萼筒及萼片外面有锈色茸毛；花瓣白色，长圆形或卵形，基部具爪，有锈色茸毛。果实球形或长圆形，黄色或橘黄色，外有锈色柔毛，不久脱落。种子1～5，球形或扁球形，褐色，光亮，种皮纸质。花期10～12月，果期5～6月。

生境分布 各地广泛栽培，四川、湖北有野生者。产于甘肃、陕西、河南、江苏等地。

入药部位 干燥叶（称枇杷叶）。

性味功用 味苦，性微寒。清肺止咳，降逆止呕。

71. 梅 *Armeniaca mume* Sieb.

别名俗名 春梅、酸梅、乌梅。

形态特征 小乔木，稀灌木。树皮浅灰色或带绿色，平滑；小枝绿色，光滑无毛。叶片卵形或椭圆形，叶边常具小锐锯齿，灰绿色；叶柄幼时具毛，老时脱落，常有腺体。花单生或有时2朵同生于1芽内，香味浓，先于叶开放；花梗短，常无毛；萼筒宽钟形，萼片卵形或近圆形；花瓣倒卵形，白色至粉红色。果实近球形，黄色或绿白色，被柔毛，味酸；果肉与核粘贴；核椭圆形，先端圆形而有小突尖头，基部渐狭呈楔形，两侧微扁，腹棱稍钝，腹面和背棱上均有明显纵沟，表面具蜂窝状孔穴。花期冬、春季，果期5～6月。

生境分布 全国各地均有栽培，但以长江流域以南最多。

入药部位 干燥近成熟果实（称乌梅）。

性味功用 味酸、涩，性平。敛肺，涩肠，生津，安蛔。

72. 山楂 *Crataegus pinnatifida* Bge.

别名俗名 山里红。

形态特征 落叶乔木。树皮粗糙，暗灰色或灰褐色；有刺，有时无刺；枝圆柱形，疏生皮孔；冬芽三角卵形，先端圆钝，无毛，紫色。叶片宽卵形，稀菱状卵形，通常两侧各有3～5羽状深裂片；叶柄无毛，托叶草质，镰形，边缘有锯齿。伞房花序具多花；总花梗和花梗均被柔毛；苞片膜质，线状披针形，边缘具腺齿，早落；萼筒钟状，萼片三角卵形至披针形；花瓣倒卵形或近圆形，白色。果实近球形或梨形，深红色，有浅色斑点；小核外面稍具棱，内面两侧平滑。花期5～6月，果期9～10月。

生境分布 生于山坡林边或灌丛中。产于黑龙江、吉林、辽宁、河北等地。

入药部位 干燥成熟果实。

性味功用 味酸、甘，性微温。消食健胃，行气散瘀，化浊降脂。

73. 金樱子 *Rosa laevigata* Michx.

别名俗名 刺梨子、山石榴、山鸡头子、油饼果子。

形态特征 常绿攀缘灌木。小枝粗壮，散生扁弯皮刺，无毛。小叶革质，通常3，稀5；小叶片椭圆状卵形、倒卵形或披针状卵形；小叶柄和叶轴有皮刺和腺毛；托叶离生或基部与叶柄合生，披针形，边缘有细齿，齿尖有腺体，早落。花单生于叶腋；花梗和萼筒密被腺毛，随果实成长变为针刺；萼片常有刺毛和腺毛；花瓣白色，宽倒卵形，先端微凹。果梨形、倒卵形，稀近球形，紫褐色，外面密被刺毛，萼片宿存。花期4～6月，果期7～11月。

生境分布 喜生于向阳的山野、溪畔灌丛中。产于陕西、安徽、江西、江苏等地。

入药部位 干燥成熟果实。

性味功用 味酸、甘、涩，性平。固精缩尿，固崩止带，涩肠止泻。

三十三、豆科

74. 葛 *Pueraria lobata* (Willd.) Ohwi

别名俗名 野葛、葛藤、葛根。

形态特征 多年生落叶藤本。全株被黄褐色粗毛。块根圆柱状,肥厚,内部粉质,纤维性强。三出复叶;顶生小叶菱状圆形,侧生小叶较小,斜卵形。总状花序腋生或顶生,花冠蓝紫色或紫色。荚果线形,密被黄褐色长硬毛。种子卵圆形,赤褐色,有光泽。花期4～8月,果期8～10月。

生境分布 生于山坡、路边草丛中及较阴湿的地方。除新疆、西藏外,全国各地均有分布。

入药部位 根(称葛根),秋、冬二季采挖。

性味功用 味甘、辛,性凉。解肌退热,生津止渴,透疹,升阳止泻,通经活络,解酒毒。

75. 苦参 *Sophora flavescens* Alt.

别名俗名 地槐、山槐、野槐。

形态特征 落叶半灌木。根圆柱状,外皮黄白色。茎直立,多分枝。单数羽状复叶互生,叶片披针形至线状披针形,有短柄,全缘,背面密生平贴柔毛;托叶线形。总状花序顶生;萼钟状,先端呈波状5浅裂;花冠蝶形,淡黄白色。荚果线形,先端具长喙,呈不明显的串珠状。种子3～7枚,黑色。花期5～7月,果期7～9月。

生境分布 生于沙地或向阳山坡草丛中及溪沟边。分布于全国各地。

入药部位 根,春、秋二季采挖。

性味功用 味苦,性寒。清热燥湿,杀虫,利尿。

76. 黄耆 *Astragalus membranaceus* Bge.

别名俗名 膜荚黄耆、卜奎耆、口耆。

形态特征 多年生草本。根直而长,圆柱形,木质,表面淡棕黄色至深棕色。茎直立,有棱,具分枝,被白色长柔毛。单数羽状复叶互生,小叶13～27,卵状披针形或椭圆形;托叶披针形。总状花序叶腋抽出;花蝶形,淡黄色。荚果膜质,膨胀,卵状长圆形,先端有喙,被黑色短柔毛。种子5～6,肾形,棕褐色。花期7～8月,果期8～9月。

生境分布 生于向阳草地及山坡。分布于东北、华北、西北等地。

入药部位 根,春、秋二季采挖。

性味功用 味甘,性微温。补气升阳,固表止汗,利水消肿,生津养血,行滞通痹,托毒排脓,敛疮生肌。

77. 胡芦巴 *Trigonella foenum-graecum* L.

别名俗名 香草、香豆、芸香。

形态特征 一年生草本。茎直立,圆柱形,多分枝。羽状三出复叶,托叶全缘,膜质,基部与叶柄相连,先端渐尖,被毛。花无梗,1～2朵着生叶腋;花冠黄白色或淡黄色;子房线形,花柱短,柱头头状,胚珠多数。荚果圆筒状,有种子10～20。种子长圆状卵形,棕褐色,表面凹凸不平。花期4～7月,果期7～9月。

生境分布 生于田间、路旁。分布于中国、地中海东岸、喜马拉雅地区等地。

入药部位 干燥成熟的种子。

性味功用 味苦,性温。温肾助阳,祛寒止痛。

78. 决明 *Cassia tora* Linn.

别名俗名　草决明、羊明、羊角、马蹄决明。

形态特征　一年生亚灌木状草本。小叶 3 对,膜质,倒卵形或倒卵状长椭圆形;叶轴上每对小叶间有棒状的腺体 1;托叶线状,被柔毛,早落。花腋生,通常 2 朵聚生;花梗丝状;萼片稍不等大,卵形或卵状长圆形,膜质,外面被柔毛;花瓣黄色,花药四方形,顶孔开裂,花丝短于花药;子房无柄,被白色柔毛。荚果纤细,近四棱形,两端渐尖,膜质。种子约 25,菱形,光亮。花、果期 8～11 月。

生境分布　生于山坡、旷野及河滩沙地上。原产于美洲热带地区,现全世界热带、亚热带地区广泛分布。我国长江以南各地普遍分布。

入药部位　干燥成熟的种子。

性味功用　味甘、苦、咸,性微寒。清热明目,润肠通便。

79. 甘草 *Glycyrrhiza uralensis* Fisch.

别名俗名　国老、甜草、甜根子。

形态特征　多年生草本。根与根状茎粗状,外皮褐色,里面淡黄色,具甜味。茎直立,多分枝,密被鳞片状腺点、刺毛状腺体及白色或褐色的茸毛;托叶三角状披针形;叶柄密被褐色腺点和短柔毛;小叶 5～17,卵形、长卵形或近圆形,两面均密被黄褐色腺点及短柔毛。总状花序腋生,具多数花,总花梗短于叶,密生褐色的鳞片状腺点和短柔毛;苞片长圆状披针形,褐色,膜质,外面被黄色腺点和短柔毛;花萼钟状,密被黄色腺点及短柔毛;花冠紫色、白色或黄色;子房密被刺毛状腺体。荚果弯曲呈镰刀状或呈环状,密集成球,密生瘤状突起和刺毛状腺体。种子3～11,暗绿色,圆形或肾形。花期 6～8 月,果期 7～10 月。

生境分布　常生于干旱沙地、河岸沙质地、山坡草地及盐渍化土壤中。蒙古及俄罗斯西伯利亚地区也有。

入药部位　干燥的根和根茎。

性味功用　味甘,性平。补脾益气,清热解毒,祛痰止咳,缓急止痛,调和诸药。

80. 皂荚 *Gleditsia sinensis* Lam.

别名俗名　皂角、皂荚树、猪牙皂、刀皂。

形态特征　落叶乔木或小乔木。枝灰色至深褐色;刺粗壮,圆柱形,常分枝,多呈圆锥状。叶为一回羽状复叶;小叶纸质,卵状披针形至长圆形,边缘具细锯齿,网脉明显。总状花序,腋生或顶生;两性花,柱头浅 2 裂。荚果带状,劲直或扭曲,果肉稍厚,两面臌起,或有的荚果短小,多少呈柱形,弯曲作新月形,通常称猪牙皂,内无种子;果瓣革质,褐棕色或红褐色,常被白色粉霜。种子多粒,长圆形或椭圆形,棕色,光亮。花期 3～5 月,果期 5～12 月。

生境分布　生于山坡林中或谷地、路旁。常栽培于庭院。产于河北、山东、河南等地。

入药部位　干燥不育果实(称猪牙皂)。

性味功用　味辛、咸,性温;有小毒。祛痰开窍,散结消肿。

三十四、牻牛儿苗科

81. 老鹳草 *Geranium wilfordii* Maxim.

别名俗名　老观草。

形态特征　多年生草本。根状茎短而直立。茎细长,下部稍蔓生,有倒生微毛。叶对生,茎生叶和下部茎生叶为肾状三角形,基部心形,3 深裂,中央裂片稍较大,先端尖,上部有缺刻或疏锯齿,上下两面多少有伏毛。花序腋生;花柄长几等于花序柄,有疏伏毛;花瓣淡红色。蒴果,被短柔毛和长糙毛。花期 7～8 月,果期 8～9 月。

生境分布　生于荒地、林缘、路旁及住宅附近。分布于东北、华北、华东等地。

入药部位　地上部入药,夏、秋季采收。

性味功用　味辛、苦,性平。祛风湿,通经络,止泻痢。

三十五、蒺藜科

82. 蒺藜 *Tribulus terrester* L.

别名俗名　白蒺藜。

形态特征　一年生草本。茎平卧,无毛,被长柔毛或长硬毛,偶数羽状复叶,小叶对生,3～8 对,矩圆形或斜短圆形,全缘。花腋生,花黄色;萼片 5,宿存;花瓣 5;子房 5 棱,柱头 5 裂。果有分果瓣 5,硬。花期 5～8 月,果期 6～9 月。

生境分布　生于沙地、荒地、山坡、住宅附近。全国各地有分布。

入药部位　干燥成熟的果实。

性味功用　味辛、苦,性微温;有小毒。疏肝解郁,活血祛风,明目,止痒。

三十六、大戟科

83. 大戟 *Euphorbia pekinensis* Rupr.

别名俗名　京大戟。

形态特征　多年生草本。根圆柱状,分枝或不分枝。茎单生或自基部多分枝。叶互生,常为椭圆形,边缘全缘;主脉明显;总苞叶 4～7,长椭圆形,先端尖,基部近平截;伞幅 4～7;苞叶 2,近圆形。花序单生于二歧分枝先端,无柄;总苞杯状,边缘 4 裂,裂片半圆形,边缘具不明显的缘毛。蒴果球状,被稀疏的瘤状突起,成熟时分裂为 3 分果片;花柱宿存且易脱落。种子长球状,暗褐色或微光亮,腹面具浅色条纹;种阜近盾状,无柄。花期 5～8 月,果期 6～9 月。

生境分布　生于山坡、灌丛、路旁、荒地、草丛和疏林内。除台湾、云南、西藏和新疆外,全国各地均有分布,北方尤为普遍。

入药部位　干燥根。

性味功用　味苦,性寒;有毒。泻水逐饮,消肿散结。

84. 狼毒 *Euphorbia fischeriana* Steud.

别名俗名　狼毒大戟。

形态特征　多年生草本,有白色乳汁。根肉质,肥厚,长圆锥状。茎粗壮,直立;茎基部叶鳞片状,膜质,淡褐色,中部叶互生及轮生,上部叶轮生;叶片长圆形或卵状披针形,先端钝或急尖,基部圆。总花序分歧呈复伞状;伞梗 5,各伞梗上部各有长卵形苞片 3,其上各自再生 3 小伞梗,各小伞梗有阔三角形苞片 2;杯状聚伞花序或再分枝;杯状总苞广钟形;花单性,无花瓣;雄花生在总苞内,雌花位于总苞中央,仅有雌蕊 1;子房扁球形花柱小,先端浅裂成 2 叉状柱头。蒴果扁球形,3 瓣裂。种子褐色,光滑。花期 5～6 月,果期 6～7 月。

生境分布　生于草原、干燥丘陵坡地、多石砾干山坡下。产于黑龙江、吉林、辽宁等地。

入药部位　干燥根。

性味功用 味辛,性平;有毒。散结,杀虫。

三十七、芸香科

85. 白鲜 *Dictamnus dasycarpus* Turcz.

别名俗名 山牡丹、白膻、八股牛。

形态特征 多年生宿根草本。根斜生,肉质粗长,淡黄白色。茎直立,基部木质化。幼嫩部分密被长毛及水泡状突起的油点。叶有小叶 9～13,小叶对生,无柄,位于先端的一片则具长柄,叶缘有细锯齿,叶脉不甚明显,中脉被毛;叶轴有甚狭窄的翼叶。总状花序;苞片狭披针形;花瓣白带淡紫红色或粉红带深紫红色脉纹,倒披针形;萼片及花瓣均密生透明油点。成熟的果(菁葖果)沿腹缝线开裂为 5 分果瓣,每分果瓣的顶角短尖,内果皮蜡黄色,有光泽。种子阔卵形或近圆球形,光滑。花期 5 月,果期 8～9 月。

生境分布 生于丘陵土坡或平地灌丛中。产于黑龙江、吉林、辽宁等地。

入药部位 干燥根皮。

性味功用 味苦,性寒。清热燥湿,祛风解毒。

86. 黄檗 *Phellodendron amurense* Rupr.

别名俗名 黄檗、檗木、黄檗木、关黄柏。

形态特征 乔木。枝扩展,成年树的树皮有厚木栓层,浅灰或灰褐色,深沟状或不规则网状开裂,内皮薄,鲜黄色,味苦,黏质,小枝暗紫红色,无毛。叶轴及叶柄均纤细,有小叶 5～13,小叶薄纸质或纸质,卵状披针形或卵形,顶部长渐尖,基部阔楔形,叶缘有细钝齿和缘毛,秋季落叶前叶色由绿转黄而明亮,毛被大多脱落。花序顶生;花瓣紫绿色。果圆球形,蓝黑色,通常有 5～8(～10)浅纵沟,干后较明显。种子通常 5。花期 5～6 月,果期 9～10 月。

生境分布 多生于山地杂木林中或山区河谷沿岸。主产于东北和华北各地。

入药部位 干燥树皮(称关黄柏)。

性味功用 味苦,性寒。清热燥湿,泻火除蒸,解毒疗疮。

87. 枳 *Poncirus trifoliata* (L.) Raf.

别名俗名 枸橘、臭橘、臭杞、雀不站、铁篱寨。

形态特征 小乔木。枝绿色,嫩枝扁,有纵棱和较长的刺,刺尖干枯状,红褐色,基部扁平。叶柄有狭长的翼叶,通常指状三出叶。花单朵或成对腋生,先叶开放,也有先叶后花的,有完全花及不完全花;花瓣白色,匙形。果近圆球形或梨形,大小差异较大;果顶微凹,有环圈,果皮暗黄色,粗糙,也有无环圈,果皮平滑的;油胞小而密,果心充实,瓤囊 6～8 瓣,汁胞有短柄;果肉含黏液,微有香橼气味,甚酸且苦,带涩味,有种子 20～50。种子阔卵形,乳白或乳黄色,有黏液,平滑或间有不明显的细脉纹。花期 5～6 月,果期 10～11 月。

生境分布 产于山东、河南、山西、陕西、甘肃、安徽、江苏、浙江、湖北、湖南等地。

入药部位 干燥幼果(称枳实)。

性味功用 味苦、辛、酸,性微寒。破气消积,化痰散痞。

88. 佛手 *Citrus medica* L. var. *sarcodactylis* Swingle

别名俗名 佛手柑、飞穰、密罗柑、五指香橼。

形态特征 灌木或小乔木。新生嫩枝、芽及花蕾均暗紫红色,茎枝多刺,刺较长。单叶,稀兼有单身复叶;叶柄短,叶片椭圆形或卵状椭圆形。总状花序,兼有腋生单花;花两性,有单性花趋向,雌蕊退化;花瓣 5;子房圆筒状。果椭圆形、近圆形或两端狭的纺锤形;果皮淡黄色,粗糙,难剥离,内皮白色或略淡黄色,棉质,松软;果肉无色,近透明或淡乳黄色,爽脆,味酸或略甜,有香气。种子小,平滑。花期 4～5 月,果期 10～11 月。

生境分布　适于高温多湿环境。产于台湾、福建、广东、广西、云南等地,南部较多栽种。

入药部位　干燥果实。

性味功用　味辛、苦、酸,性温。疏肝理气,和胃止痛,燥湿化痰。

89. 柑橘 *Citrus reticulata* Blanco

别名俗名　宽皮橘、蜜橘、黄橘、红橘。

形态特征　小乔木。分枝多,枝扩展或略下垂,刺较少。单身复叶,翼叶通常狭窄,或仅有痕迹;叶片披针形,椭圆形或阔卵形,大小变异较大,先端常有凹口。花单生或 2～3 朵簇生;花萼不规则;花柱细长,柱头头状。果形种种,通常扁圆形至近圆球形;果皮甚薄而光滑,或厚而粗糙,淡黄色、朱红色或深红色,甚易或稍易剥离;橘络甚多或较少,呈网状,易分离;果肉酸或甜,或有苦味,或另有特异气味。种子多数或少数,稀无籽,通常卵形。花期 4～5 月,果期 10～12 月。

生境分布　产于秦岭南坡以南及大别山区南部等海拔较低地区。广泛栽培,很少见野生。

入药部位　干燥外层果皮。

性味功用　味辛、苦,性温。理气宽中,燥湿化痰。

90. 花椒 *Zanthoxylum bungeanum* Maxim.

别名俗名　椒、大椒、秦椒、蜀椒。

形态特征　落叶小乔木。茎干上的刺常早落,枝有短刺,小枝上的刺为基部宽而扁且劲直的长三角形。叶有小叶 5～13,叶轴常有甚狭窄的叶翼;小叶对生,叶缘有细裂齿,齿缝有油点,其余无或散生肉眼可见的油点。花序顶生或生于侧枝之顶;花被片 6～8,黄绿色,形状及大小大致相同。果紫红色。种子长 3.5～4.5mm。花期 4～5 月,果期 8～10 月。

生境分布　生于海拔较高的山地。产地北起东北南部,南至五岭北坡,东南至江苏、浙江沿海地带,西南至西藏东南部。

入药部位　干燥成熟果皮。

性味功用　味辛,性温。温中止痛,杀虫止痒。

91. 两面针 *Zanthoxylum nitidum*（Roxb.）DC.

别名俗名　钉板刺、入山虎、叶下穿针。

形态特征　幼龄植株为直立灌木,成株为木质藤本。老茎有翼状蜿蜒而上的木栓层,茎枝及叶轴均有弯钩锐刺。叶有小叶(3)5～11,对生,成长叶硬革质,先端有明显凹口,凹口处有油点,边缘有疏浅裂齿,齿缝处有油点,有时全缘。花序腋生,花 4 基数;花瓣淡黄绿色,卵状椭圆形或长圆形;子房圆球形,花柱粗而短,柱头头状。果皮红褐色,单个分果瓣先端有短芒尖。种子圆珠状,腹面稍平坦。花期 3～5 月,果期 9～11 月。

生境分布　生于温热的山地、丘陵、平地等处的疏林。产于台湾、福建、广东、海南等地。

入药部位　干燥根。

性味功用　味苦、辛,性平;有小毒。活血化瘀,行气止痛,祛风通络,解毒消肿。

三十八、冬青科

92. 枸骨 *Ilex cornuta* Lindl. et Paxt.

别名俗名　猫儿刺、老虎刺、八角刺、鸟不宿。

形态特征　常绿灌木或小乔木。幼枝具纵脊及沟,具纵裂缝及隆起的叶痕,无皮孔。叶片厚革质,二型,四角状长圆形或卵形,先端具 3 尖硬刺齿,网状脉两面不明显;托叶胼胝质,宽三角形。花序簇生于叶腋内;苞片卵形;花淡黄色,4 基数;雌雄花基部都具 1~2 阔三角形的小苞片;柱头盘状,4 浅裂。果球形,成熟时鲜红色,基部具四角形宿存花萼,先端宿存柱头盘状,明显 4 裂;内果皮骨质。花期 4~5 月,果期 10~12 月。

生境分布　生于海拔 150~1900m 的山坡及丘陵等的灌丛、疏林中以及路边、溪旁和村舍附近。产于江苏、上海、安徽、浙江等地。

入药部位　干燥叶。

性味功用　味苦,性凉。清热养阴,益肾,平肝。

三十九、远志科

93. 瓜子金 *Polygala japonica* Houtt.

别名俗名　日本远志、远志草、小金不换。

形态特征　多年生草本。根圆柱形。茎常丛生。叶互生,有短柄;叶片通常为卵形,全缘,基部圆或楔形。总状花序腋生,通常比茎稍短;花梗被短毛;萼片 5,花淡蓝至蓝紫色,花瓣 3,基部相连,中央龙骨背部具流苏状附属物。蒴果扁平,倒心形,周围翼较宽。种子 2,被白绢毛。花期 6~7 月,果期 7~9 月。

生境分布　生于多砾山坡、草地、林下及灌丛中。分布于东北、华北、西北。

入药部位　全草入药,春、秋季采挖。

性味功用　味辛、苦,性平。解毒止痛,活血散瘀,消肿,化痰止咳,定神。

94. 远志 *Polygala tenuifolia* Willd.

别名俗名　细叶远志、线儿茶、光棍茶。

形态特征　多年生草本。根木质,茎多数。叶互生,近无柄,轮生,条形至线状披针形,全缘。总状花序顶生,小花稀疏;花梗细弱,萼片 5,宿存,花瓣 3,淡蓝色至蓝紫色;子房 2 室,扁圆,花柱细长。蒴果扁平,近圆形,先端凹缺。种子 2,稍扁。花期 5~6 月,果期 7~9 月。

生境分布　生于多砾山坡、草地、林下及灌丛中。分布于东北、华北、西北。

入药部位　全草入药,春、秋季采挖。

性味功用　味苦,性温。安神,化痰,消肿。

四十、漆树科

95. 盐肤木 *Rhus chinensis* Mill.

别名俗名　五倍子树、山梧桐、黄瓤树。

形态特征　灌木或小乔木。树皮有无数皮孔和三角形叶痕,小枝、叶柄及花序都密生褐色柔毛和具乳白色树液。单数羽状复叶互生,叶轴及叶柄常有翅;小叶长圆状卵形,边缘有粗锯齿,叶下密生灰褐色柔毛。圆锥花序顶生;萼片 5。核果近扁圆形,有灰白色短柔毛及盐霜状物。花期 7 月,果期 8~9 月。

生境分布　生于向阳较干燥的山坡或半阳坡及沟谷、路旁。分布于吉林、辽宁、湖北、湖南、广西、广东、安徽、浙江、福建。

入药部位　虫瘿(由寄生在盐肤木上的蚜虫形成的),秋季采摘。

性味功用　味酸、涩,性寒。敛肺,涩肠,止血,解毒。

四十一、鼠李科

96. 酸枣 *Ziziphus jujuba* Mill. var. *spinosa*（Bunge）Hu ex H. F. Chow

别名俗名　枣树、枣子、刺枣。

形态特征　落叶灌木或小乔木。树皮灰褐色,有纵裂。幼枝绿色,枝上有直和弯曲的刺。单叶互生,椭圆形或卵状披针形,边缘具细锯齿,3 主脉出自叶片基部。小花黄绿色,2~3 朵簇生于叶腋;萼片 5。核果近球形或广卵形,熟时暗红褐色,果肉薄,有酸味,果核较大。花期 7~8 月,果期 8~9 月。

生境分布　生于向阳干燥的山坡、山谷、丘陵、平原及路旁。分布于辽宁、河北、山西、内蒙古、陕西、甘肃、山东、江苏、安徽、河南、湖北、四川。

入药部位　果实,秋季采摘。

性味功用　味甘、酸,性平。养心,安神,敛汗。

四十二、锦葵科

97. 苘麻 *Abutilon theophrasti* Medicus

别名俗名　青麻、白麻、孔麻。

形态特征　一年生草本。茎直立,有柔毛。单叶,互生;叶片圆心形,边缘有疏密不等的圆齿,两面密生星状柔毛。花单生于叶腋或枝端,密生毛,近端处有节;花萼杯状,5 裂。蒴果半球形,熟后成离果,形似橘子瓣,有粗毛,先端有 2 长芒。种子黑色,肾形,有微毛。花期 7~8 月,果期 9~10 月。

生境分布　生于田野、路旁、荒地及村屯附近。分布中国大部分地区。

入药部位　种子,秋季采摘。

性味功用　味苦,性平。清热利湿,解毒,退翳。

四十三、堇菜科

98. 紫花地丁 *Viola philippica*

别名俗名　光瓣堇菜、北堇菜、箭头草、地丁草。

形态特征　多年生草本。根状茎淡褐色,无地上茎。托叶较长,边缘有疏齿或近全缘;叶柄有狭翼;叶片舌形、卵状长圆形,叶脉上有毛或无毛。花两侧对称,有长梗,超出叶或略等于叶;萼 5,边缘有膜质狭边,基部附属物末端圆形、截形或有小齿;距细管状,直或上弯。果椭圆形。花期 4~5 月,果期 7~8 月。

生境分布　生于山坡草地、灌丛、林缘、路旁及沙质地,常聚生成片生长。分布于东北、华北、西北、中南、西南。

入药部位　全草,春夏季采收。

性味功用　味苦,性寒。清热解毒,凉血消肿。

四十四、使君子科

99. 使君子 *Quisqualis indica* L.

别名俗名　留求子、史君子、五棱子。

形态特征　攀缘状灌木。小枝被棕黄色短柔毛。叶对生或近对生,叶片膜质,卵形或椭圆形。顶生穗状花序,组成伞房花序式,花瓣 5。果卵形,短尖,无毛,具明显的锐棱角 5,成熟时外果皮脆薄,呈青黑色或栗色。种子 1,白色,圆柱状纺锤形。花期初夏,果期秋末。

生境分布　喜光、高温多湿气候。生于富含有机质的沙质壤土上。分布于四川、贵州至南岭以南各地。

入药部位　果实,秋季采收。

性味功用　味甘,性温。杀虫消积。

四十五、山茱萸科

100. 山茱萸 *Cornus officinalis* Sieb. et Zucc.

别名俗名　山萸肉、肉枣、天木籽、实枣儿。

形态特征　落叶乔木或灌木。树皮灰褐色。叶对生,纸质,全缘。伞形花序生于枝侧;两性花,先叶开放;花萼裂片 4,阔三角形,与花盘等长或稍长;花瓣 4,舌状披针形。核果长椭圆形,红色至紫红色;核骨质,狭椭圆形,有几条不整齐的肋纹。花期 3～4 月,果期 9～10 月。

生境分布　生于海拔 400～1500m 的林缘或森林中。分布于山西、陕西、甘肃、山东、江苏、浙江、安徽、江西、河南、湖南。

入药部位　果肉,秋、冬季采收。

性味功用　味酸、涩,性微温。补益肝肾,收涩固脱。

四十六、葫芦科

101. 栝楼 *Trichosanthes kirilowii* Maxim.

别名俗名　吊瓜、瓜蒌、药瓜。

形态特征　多年生攀缘藤本。块根圆柱状,粗大肥厚,富含淀粉,淡黄褐色。茎较粗,多分枝,具纵棱及槽,被白色伸展柔毛。叶片纸质,轮廓近圆形,浅裂至中裂,叶基心形,上表面深绿色,粗糙,背面淡绿色;叶柄具纵条纹,被长柔毛。卷须 3～7 歧,被柔毛。花雌雄异株。雄总状花序单生,或与一单花并生,或在枝条上部者单生,总状花序粗壮,具纵棱与槽;花萼筒筒状,先端扩大,被短柔毛,裂片披针形,全缘;花冠白色,裂片倒卵形,先端中央具 1 绿色尖头,两侧具丝状流苏,被柔毛。雌花单生,被短柔毛;花萼筒圆筒形,裂片和花冠同雄花。果梗粗壮;果实椭圆形或圆形,成熟时黄褐色或橙黄色。种子卵状椭圆形,压扁,淡黄褐色,近边缘处具棱线。花期 5～8 月,果期 8～10 月。

生境分布　生于林下、灌丛中、草地和村旁田边。全国各地广泛栽培。

入药部位　成熟果实(称瓜蒌)、根(称天花粉)。

性味功用　瓜蒌:味甘、微苦,性寒。清热涤痰,宽胸散结,润燥滑肠。天花粉:味甘、微苦、酸,性微寒。清热泻火,生津止渴。

四十七、五加科

102. 人参 *Panax ginseng* C. A. Mey.

别名俗名　棒槌、鬼盖、辽参、辽东参。

形态特征　多年生草本。主根肉质,圆柱形或纺锤形,野生者根状茎长,栽培者根状茎短。茎直立,单生。成株掌状复叶轮生。伞形花序顶生,高出叶面;萼钟形 5 裂;花瓣 5,卵状三角形,白色。浆果状核果,鲜红色,扁肾形。种子肾形,乳白色。花期 6～7 月,果期 8 月。

生境分布　生于林下。东北长白山林区有少量野生;长白山山区市县广泛栽培。

入药部位　根、叶、花蕾。栽培者为园参,野生者为山参。

性味功用　味甘、微苦,性微温。大补元气,复脉固脱,补脾益肺,生津养血,安神益智。

103. 西洋参 *Panax ginseng* C. A. Mey.

别名俗名　花旗参、洋参、西洋人参。

形态特征　多年生草本。主根肉质,圆柱形或纺锤形,切面呈菊花纹理。茎圆柱形,有条纹或棱。掌状复叶 5 小叶;小叶倒卵形。伞形花序,花瓣 5,绿白色,矩圆形。浆果扁圆形,鲜红色,呈对状。种子肾形,乳白色。花期 7 月,果期 9 月。

生境分布　生于海拔 1000m 左右的山地、森林沙质土壤,喜光。分布于东北、华北、西北。原产于美国、加拿大,我国的为栽培种。

入药部位　根、叶、花蕾。

性味功用　味甘、微苦,性凉。补气养阴,清热生津。

104. 刺五加 *Acanthopanax senticosus* (Rupr. Maxim.) Harms

别名俗名　刺拐棒、老虎镣子、刺花棒、南五加皮。

形态特征　灌木。分枝多,通常密生刺,刺直而细长,针状。掌状复叶互生。伞形花序单生先端,或 2～6 组成稀疏的圆锥花序,花紫黄色;花瓣 5。果实为浆果状核果,近球形,紫黑色,有 5 棱。花期 6～7 月,果期 8～9 月。

生境分布　生于针阔叶混交林或阔叶林内、林缘及灌丛中。分布于东北、华北。

入药部位　根皮,春季剥皮。

性味功用　味微辛、稍苦,性温。补气益精,活血祛瘀,益气健脾,补肾安神。

四十八、伞形科

105. 白芷 *Angelica dahurica* (Fisch. ex Hoffm.) Benth. et Hook. f. ex Franch. et Sav.

别名俗名　兴安白芷、大活。

形态特征　多年生大型草本。根粗大,有数条须根,黄褐色,有特殊香气。茎直立,圆形,中空,紫红色;茎下部叶有长柄,二至三回羽状全裂,边缘有不整齐锯齿。复伞形花序,花多数白色。双悬果背腹扁平,广卵圆形或近圆形。花期 7～8 月,果期 8～9 月。

生境分布　生于河谷湿地、林间草地、林缘灌丛及林间路旁等处。分布于东北、华北。

入药部位　根,秋季采挖。

性味功用　味辛,性温。散风除湿,通窍止痛,消肿排脓。

106. 柴胡 *Bupleurum chinensis* DC.

别名俗名　竹叶柴胡。

形态特征 多年生草本。主根粗大,常分枝,棕褐色,质硬。茎丛生或单生,实心,基部似木质化,上部多分枝,稍呈"之"字形弯曲。基生叶剑形,倒披针形或狭椭圆形,早枯;中部叶倒披针形或线状披针形。复伞形花序,花黄色。双悬果广椭圆形至椭圆形,分生果棱稍尖锐。花期 7 月,果期 8~9 月。

    生境分布 生于灌丛、林缘及干燥的石质山坡上。分布于东北、华北、西北。

    入药部位 根,春、秋季采挖。

    性味功用 味苦、辛,性微寒。和解退热,疏肝解郁,升举阳气。

107. 红柴胡 *Bupleurum scorzonerifolium* Willd.

    别名俗名 狭叶柴胡。

    形态特征 多年生草本。主根粗壮,长圆锥形,外皮红褐色。茎单生或数个,多回分枝,略呈"之"字形弯曲。基生叶及下部叶有长柄,披针形或线状披针形,具 5~7 脉,近乎平行。复伞形花序,腋生或顶生;花小,黄色。双悬果长圆状椭圆形或椭圆形。花期 7~8 月,果期 8~9 月。

    生境分布 生于灌丛、林缘及干燥的石质山坡上。分布于东北、华北、西北、华东。

    入药部位 根,秋季采收。

    性味功用 味苦,性凉。疏风退热,疏肝,升阳。

108. 茴香 *Foeniculum vulgare* Mill.

    别名俗名 谷茴香、谷茴、蘹香。

    形态特征 草本。茎直立,光滑,灰绿色或苍白色,多分枝。中部或上部的叶柄部分或全部呈鞘状,叶鞘边缘膜质;叶片轮廓为阔三角形,四至五回羽状全裂,末回裂片线形。复伞形花序顶生与侧生;花瓣黄色,倒卵形或近倒卵圆形。果实长圆形,主棱 5,尖锐。花期 5~6 月,果期 7~9 月。

    生境分布 栽培于全国各地。

    入药部位 果实,秋季采摘。

    性味功用 味辛,性温。散寒止痛,理气和胃。

109. 蛇床 *Cnidium monnieri* (L.) Cuss.

    别名俗名 野茴香、蛇米、蛇粟、野胡萝卜子。

    形态特征 一年生草本。茎直立,圆柱形,中空,有纵棱,疏生细柔毛。茎生叶有柄,基部有短而阔的叶鞘,鞘的两侧有白色膜质边缘;叶片卵形,二至三回羽状分裂,最终裂片线状披针形。复伞形花序顶生或侧生;花瓣 5,白色。双悬果椭圆形,果棱呈翅状。花期 6~7 月,果期 7~8 月。

    生境分布 生于山野、路旁、沟边及湿草甸子等处。分布于全国各地。

    入药部位 果实,秋季采摘。

    性味功用 味辛、苦,性温;有小毒。温肾壮阳,燥湿,祛风杀虫,止痒。

110. 防风 *Saposhnikovia divaricata* (Turcz.) Schischk.

    别名俗名 关防风、旁风。

    形态特征 多年生草本。根粗壮,根状茎上部密生褐色毛状的旧叶纤维。茎单生,二歧分枝,全株似球状。基生叶丛生,叶柄长而扁,基部突然加宽成叶鞘;叶片卵形或长圆形,二回或三回羽状分裂,叶质稍厚。复伞形花序多数,生于分枝先端,形成聚伞状圆锥花序;花瓣白色。

双悬果长。花期 8～9 月，果期 9～10 月。

　　生境分布　生于灌丛、草地及干燥的石质山坡上。分布于东北、华北、西北、华东。

　　入药部位　根，夏、秋季采挖。

　　性味功用　味甘、辛，性温。祛风发表，胜湿止痛，解痉。

111. 紫花前胡 *Angelica decursiva*（Miq.）Franch. et Sav.

　　别名俗名　土当归、鸭脚七、野辣菜。

　　形态特征　多年生草本。根圆锥状，外表棕黄色至棕褐色，有强烈气味。茎中空，有纵沟纹。叶片三角形至卵圆形，一回三全裂或一至二回羽状分裂。茎上部叶简化成囊状膨大的紫色叶鞘。复伞形花序顶生和侧生，有柔毛；花深紫色；萼齿明显。果实长圆形至卵状圆形，侧棱有较厚的狭翅，与果体近等宽。花期 8～9 月，果期 9～11 月。

　　生境分布　生于山地林下溪流旁、林缘湿草甸、灌丛等处。分布于吉林、辽宁、山东、陕西、安徽、江苏、浙江、福建、广西、江西、湖南、湖北、四川。

　　入药部位　根，春、秋季采挖。

　　性味功用　味苦、辛，性微寒。宣散风热，降气祛痰。

112. 珊瑚菜 *Glehnia littoralis* Fr. Schmidt ex Miq.

　　别名俗名　北沙参、六角菜、条沙参、辽沙参。

　　形态特征　多年生草本，全体有黑褐色茸毛。主根圆柱形。茎部分露于地面。基生叶卵形或宽三角状卵形，三出或羽状分裂或二至三回羽状深裂。复伞形花序；花白色，花瓣 5。双悬果圆球形或椭圆形，果棱具木栓质翅，有棕色粗毛。花期 7～8 月，果期 8～9 月。

　　生境分布　生于水边沙滩。分布于吉林、辽宁、河北、山东、江苏、浙江、福建、广东。

　　入药部位　根（称北沙参），春、秋季采挖。

　　性味功用　味甘，性微寒。养阴清肺，益胃生津，祛痰止咳。

四十九、杜鹃花科

113. 兴安杜鹃 *Rhododendron dauricum* L.

　　别名俗名　满山红、金达莱、映山红、迎山红。

　　形态特征　灌木。多分枝。树皮淡灰色或暗灰色。小枝暗灰色，节间一般长 2～3cm。叶互生，薄革质，叶片长圆形或卵状长圆形。花 1～4 朵生于枝端，先叶开放或与叶同时开放；雄蕊 10，超出花冠，花柱长约 3cm，比花瓣长。蒴果，短圆柱形，灰褐色，由先端开裂。花期 4～6 月，果期 7～8 月。

　　生境分布　生于山顶、排水良好的山坡或陡坡蒙古栎林下，常聚生成片生长。分布于东北以及内蒙古等地。

　　入药部位　叶，夏、秋季采摘。

　　性味功用　味苦，性平。解表，化痰，止咳，平喘，利尿。

五十、报春花科

114. 过路黄 *Lysimachia christinae* Hance

　　别名俗名　金钱草、真金草、走游草、铺地莲。

　　形态特征　茎柔弱，平卧延伸，下部节间较短，常发出不定根。叶对生，卵圆形、近圆形以至肾圆形;叶柄比叶片短或与之近等长。花单生叶腋,花冠黄色。蒴果球形,无毛,有稀疏黑色腺条。花期5~7月,果期7~10月。

生境分布 生于山坡、路旁较阴湿处。分布于云南、四川、贵州、陕西(南部)、河南、湖北、湖南、广西、广东、江西、安徽、江苏、浙江、福建。

入药部位 全草,夏、秋季采收。

性味功用 味甘、咸,性微寒。利湿退黄,利尿通淋,解毒消肿。

五十一、木犀科

115. 连翘 *Forsythia suspensa* (Thunb.) Vahl

别名俗名 黄花杆、黄寿丹。

形态特征 落叶灌木。枝开展或下垂,疏生皮孔,节间中空,节部具实心髓。叶通常为单叶,或三裂至三出复叶,叶片卵形、宽卵形或椭圆状卵形至椭圆形。花通常单生或2至数朵着生于叶腋,先于叶开放,花冠黄色。果卵球形、卵状椭圆形或长椭圆形。花期3~4月,果期7~9月。

生境分布 生于山坡灌丛、林下或草丛中,或山谷、山沟疏林中。我国除华南地区外,其余地区均有栽培。

入药部位 果实,秋季采收。

性味功用 味苦,性微寒。清热解毒,消肿散结,疏散风热。

116. 女贞 *Ligustrum lucidum* Ait.

别名俗名 白蜡树、冬青、蜡树、女桢、桢木、将军树。

形态特征 叶片常绿,革质,卵形、长卵形或椭圆形至宽椭圆形。圆锥花序顶生,花序轴紫色或黄棕色,花序基部苞片常与叶同型;花无梗或近无梗,柱头棒状。果肾形或近肾形,具棱,深蓝黑色,成熟时呈红黑色,被白粉。花期5~7月,果期7月至翌年5月。

生境分布 生于海拔2900m以下疏、密林中。分布于长江以南至华南、西南各地,向西北分布至陕西、甘肃。

入药部位 果实(称女贞子),秋季采收。

性味功用 味甘、苦,性凉。滋补肝肾,明目乌发。

五十二、龙胆科

117. 龙胆 *Gentiana scabra* Bunge

别名俗名 龙胆草。

形态特征 多年生草本。根状茎短,簇生多数细长的根成须根系,绳索状,黄白色。叶对生,下部叶小,呈鳞片状,茎中部叶卵形或卵状披针形。花簇生茎顶或叶腋,蓝紫色;苞片披针形,与花萼近等长;雄蕊5。蒴果长圆形,有柄。种子条形,边缘具翅。花期7~8月,果期8~9月。

生境分布 生于林缘、灌丛及草甸。分布于东北、华北。

入药部位 根及根茎,秋季采收。

性味功用 味苦,性寒。清热燥湿,清泻肝火。

五十三、夹竹桃科

118. 络石 *Trachelospermum jasminoides*（Lindl.）Lem.

别名俗名 石龙藤、耐冬、白花藤。

形态特征 常绿木质藤本,全株具白色乳汁。茎赤褐色,圆柱形;嫩枝被黄色柔毛。叶面无毛,叶背被疏短柔毛。二歧聚伞花序腋生或顶生,花多朵组成圆锥状;花冠白色;花萼 5 深裂;子房由 2 离生心皮组成;每心皮有胚珠多颗。蓇葖果双生。种子多数,先端具白色绢质种毛。花期 3～7 月,果期 7～12 月。

生境分布 生于山野、溪边、林下。分布于全国大部分地区。

入药部位 带叶藤茎(称络石藤),冬季至次春采割。

性味功用 味苦,微寒。祛风通络,凉血消肿。

119. 罗布麻 *Apocynum venetum* L.

别名俗名 茶叶花、红麻、野麻。

形态特征 直立半灌木,具白色乳汁。枝条对生或互生,光滑无毛,紫红色或淡红色。叶对生,叶缘具细牙齿,两面无毛。圆锥状聚伞花序一至多歧;花萼 5 深裂;花冠圆筒状钟形,紫红色或粉红色;花药箭头状,花丝短,密被白茸毛;子房由 2 离生心皮组成,被白色茸毛,每心皮有胚珠多数;花盘环状。蓇葖果双生。种子多数,先端有白色绢质种毛。花期 4～9 月,果期 7～12 月。

生境分布 生于盐碱荒地、沙漠边缘和河流两岸。分布于北方各地及华东。

入药部位 叶(称罗布麻叶),夏季采收。

性味功用 味甘、苦,性凉。平肝安神,清热利水。

五十四、萝藦科

120. 柳叶白前 *Cynanchum stauntonii*（Decne.）Schltr. ex Levl.

别名俗名 西河柳、水杨柳、鹅白前。

形态特征 直立半灌木,无毛。叶对生,狭披针形。伞形聚伞花序;花冠紫红色,辐状;副花冠裂片盾状,隆肿;花粉块 2,每室 1。蓇葖果单生。种子一端具长毛。花期 5～8 月,果期 9～10 月。

生境分布 生于低海拔的山谷湿地及水旁。分布于甘肃、安徽、江苏、贵州等地。

入药部位 根及根茎(称白前),秋季采挖。

性味功用 味辛、苦,性微温。降气,消痰,止咳。

121. 白蔹 *Ampelopsis japonica*（Thunb.）Makino

别名俗名 鹅抱蛋、猫儿卵、五爪藤。

形态特征 木质藤本。小枝圆柱形,有纵棱纹。卷须不分枝。叶为掌状 3～5 小叶。聚伞花序,与叶对生;花序梗卷曲;花萼碟形;花瓣 5;雄蕊 5;花盘发达,边缘波状浅裂;子房下部与花盘合生,花柱短棒状。果实球形。种子 1～3;种子基部喙短钝,背部种脊突出,腹部中棱脊突出,两侧洼穴呈沟状。花期 5～6 月,果期 7～9 月。

生境分布 生于山坡地边、灌丛或草地。分布于辽宁、吉林、河北、山西等地。

入药部位 块根,春、秋二季采挖。

性味功用 味苦,性微寒。清热解毒,消痈散结,敛疮生肌。

122. 白薇 *Cynanchum atratum* Bunge

别名俗名 薇草、知微老。

形态特征 直立多年生草本。根须状,具香气。叶卵形或卵状长圆形,两面均被有白色茸毛。伞形状聚伞花序;花深紫色;花萼外面有茸毛,内面基部有小腺体5个;花冠辐状;副花冠5裂,与合蕊柱等长;花粉块每室1。蓇葖果单生。种子扁平;种毛白色。花期4~8月,果期6~8月。

生境分布 生于河边、干荒地及草丛中,山沟、林下草地中常见。分布于全国各地。

入药部位 根和根茎,春、秋二季采挖。

性味功用 味苦、咸,性寒。清热凉血,利尿通淋,解毒疗疮。

123. 杠柳 *Periploca sepium* Bunge

别名俗名 山五加皮、北五加皮、羊奶子。

形态特征 落叶蔓性灌木。主根圆柱状。具白色乳汁,全株无毛。小枝对生,具皮孔。叶卵状长圆形。聚伞花序腋生;花萼裂片卵圆形,花萼5深裂,内面基部有10小腺体;花冠紫红色,辐状;副花冠环状,10裂,其中5裂延伸丝状被短柔毛,先端向内弯;雄蕊着生在副花冠内面,并与其合生;花粉器匙形。蓇葖果双生。种子具白色绢质种毛。花期5~6月,果期7~9月。

生境分布 生于平原及低山丘的林缘、沟坡。分布于长江以北及西南地区。

入药部位 根皮(称香加皮),春、秋二季采挖。

性味功用 味辛、苦,性温;有毒。利水消肿,祛风湿,强筋骨。

124. 徐长卿 *Cynanchum paniculatum*（Bunge）Kitagawa

别名俗名 尖刀儿苗、獐耳草、了刁竹。

形态特征 多年生直立草本。根须状。叶对生。圆锥状聚伞花序生于先端的叶腋内;花萼内的腺体或有或无;花冠黄绿色,近辐状;副花冠裂片5;花粉块每室1;子房椭圆形;柱头五角形,先端略突起。蓇葖果单生。种子长圆形;种毛白色绢质。花期5~7月,果期9~12月。

生境分布 生于向阳山坡及草丛中。分布于全国大多数地区。

入药部位 根及根茎,秋季采挖。

性味功用 味辛,性温。祛风,化湿,止痛,止痒。

五十五、茜草科

125. 茜草 *Rubia cordifolia* L.

别名俗名 锯锯藤、拉拉秧、活血草。

形态特征 草质攀缘藤木。根状茎和其节上的须根均红色;茎数至多条,方柱形,有4棱,棱上生倒生皮刺。4叶轮生,披针形或长圆状披针形,边缘有齿状皮刺,两面粗糙,脉上有微小皮刺。叶柄具倒生皮刺。聚伞花序腋生和顶生;花冠淡黄色,花冠裂片近卵形。果球形,橘黄色。花期8~9月,果期10~11月。

生境分布 生于疏林、林缘、灌丛或草地上。分布于东北、华北、西北。

入药部位 根及根茎,春、秋二季采挖。

性味功用 味苦,性寒。凉血,祛瘀,止血,通经。

126. **钩藤** *Uncaria rhynchophylla*（Miq.）Miq. ex Havil.

别名俗名 双钩藤、鹰爪风、金钩藤。

形态特征 藤本。小枝 4 棱形,无毛,叶腋有钩状变态枝。叶两面无毛;托叶狭三角形。头状花序,单生叶腋;小苞片线形或线状匙形;花萼管疏被毛,萼裂片近三角形;花冠管外面无毛,或具疏散的毛,花冠裂片卵圆形,外面无毛或略被粉状短柔毛,边缘有时有纤毛;花柱伸出冠喉外,柱头棒形。蒴果。花、果期 5～12 月。

生境分布 生于山谷溪边的疏林或灌丛中。分布于全国各地。

入药部位 带钩茎枝,秋、冬二季采收。

性味功用 味甘,性凉。息风定惊,清热平肝。

五十六、爵床科

127. **穿心莲** *Andrographis paniculata*（Burm. f.）Nees

别名俗名 一见喜、印度草、榄核莲。

形态特征 一年生草本。茎 4 棱,下部多分枝,节膨大。叶卵状矩圆形至矩圆状披针形。总状花序;苞片和小苞片微小;花冠白色,下唇带紫色斑纹,外有腺毛和短柔毛,2 唇形,上唇微 2 裂,下唇 3 深裂,花冠筒与唇瓣等长;雄蕊 2,花药 2 室。蒴果扁,中有一沟;种子 12,四方形,有皱纹。

生境分布 原产于热带地区,我国南方有栽培。

入药部位 地上部分,秋初茎叶茂盛时采割。

性味功用 味苦,性寒。清热解毒,凉血,消肿。

五十七、旋花科

128. **牵牛** *Pharbitis nil*（L.）Choisy

别名俗名 裂叶牵牛、牵牛花、喇叭花、筋角拉子。

形态特征 一年生缠绕草本。茎上被倒向的短柔毛及杂有倒向或开展的长硬毛。叶宽卵形或近圆形,深或浅的 3 裂。花腋生,单一或通常 2 朵着生于花序梗顶;苞片线形或叶状;小苞片线形;萼片近等长;花冠漏斗状,蓝紫色或紫红色;雄蕊及花柱内藏;雄蕊不等长;花丝基部被柔毛;子房无毛,柱头头状。蒴果近球形,3 瓣裂。种子卵状三棱形,黑褐色或米黄色,被褐色短茸毛。

生境分布 生于山坡灌丛、干燥河谷路边。分布于我国大部分地区。

入药部位 成熟种子(称牵牛子),秋末果实成熟、果壳未开裂时采收。

性味功用 味苦,性寒;有毒。泻水通便,消痰涤饮,杀虫攻积。

129. **圆叶牵牛** *Pharbitis purpurea*（L.）Voisgt

别名俗名 牵牛花、喇叭花、连簪簪。

形态特征 一年生缠绕草本。茎上被倒向的短柔毛杂有倒向或开展的长硬毛。叶圆心形,偶有 3 裂。花腋生,单一或 2～5 朵着生于花序梗先端呈伞形聚伞花序;苞片线形;萼片近等长;花冠漏斗状,紫红色、红色或白色。

其他同牵牛。

130. 菟丝子 *Cuscuta chinensis* Lam.

别名俗名 黄丝、豆寄生、龙须子。

形态特征 一年生寄生草本。茎缠绕,无叶。花序侧生,少花或多花簇生呈小伞形或小团伞花序;苞片及小苞片小,鳞片状;花萼杯状;花冠白色,壶形,裂片向外反折,宿存;鳞片长圆形,边缘长流苏状;子房近球形,花柱2,等长或不等长,柱头球形。蒴果球形,几乎全为宿存的花冠所包围,成熟时整齐的周裂。种子淡褐色,卵形。

生境分布 生于田边、路边灌丛,常寄生于豆科、菊科、藜科等多种植物上。分布于全国大部分地区。

入药部位 成熟种子,秋季果实成熟时采收。

性味功用 味辛、甘,性平。补益肝肾,固精缩尿,安胎,明目,止泻。

五十八、马鞭草科

131. 马鞭草 *Verbena officinalis* L.

别名俗名 铁马鞭、马鞭子、马鞭稍。

形态特征 多年生草本。茎四方形。叶对生,卵圆形至倒卵形或长圆状披针形;基生叶的边缘通常有粗锯齿和缺刻;茎生叶多数3深裂,裂片边缘有不整齐锯齿,两面均有硬毛。穗状花序顶生和腋生,花小,无柄;苞片稍短于花萼,具硬毛;花冠淡紫至蓝色,裂片5;雄蕊4;子房无毛。果长圆形,成熟时4瓣裂。花期6~8月,果期7~10月。

生境分布 生于路边、山坡、溪边或林旁。分布于全国大部分地区。

入药部位 地上部分,6~8月花开时采割。

性味功用 味苦,性凉。活血散瘀,解毒,利水,退黄,截疟。

五十九、唇形科

132. 夏枯草 *Prunella vulgaris* L.

别名俗名 麦穗夏枯草、铁线夏枯草、铁色草。

形态特征 多年生草木。根茎匍匐,在节上生须根。茎四棱形,具浅槽,紫红色;花序下方的一对苞叶似茎叶。轮伞花序密集组成穗状花序;花萼钟形,二唇形,上唇扁平,下唇较狭,2深裂;花冠紫、蓝紫或红紫色;雄蕊4,前对长很多;花柱纤细,先端相等2裂,裂片钻形,外弯;花盘近平顶;子房无毛。小坚果黄褐色,长圆状卵珠形,微具沟纹。花期4~6月,果期7~10月。

生境分布 生于荒坡、草地、溪边及路旁等湿润地上。分布于全国大部分地区。

入药部位 果穗,夏季果穗呈棕红色时采收。

性味功用 味辛、苦,性寒。清肝泻火,明目,散结消肿。

133. 薄荷 *Mentha haplocalyx* Briq.

别名俗名 野薄荷、南薄荷、见肿消。

形态特征 多年生草本,具清凉浓香气。茎四棱形。叶对生,叶片圆状披针形,两面均有腺鳞及柔毛。轮伞花序腋生;花冠淡紫,4裂,上裂片先端2裂,较大,其余3裂片近等大;雄蕊4,前对较长。小坚果卵珠形。花期7~9月,果期10月。

生境分布 生于水旁潮湿地。分布于全国各地。

入药部位 地上部分,夏、秋二季茎叶茂盛或花开至三轮时,选晴天分次采割。

性味功用 味辛,性凉。疏散风热,清利头目,利咽,透疹,疏肝行气。

134. 地笋 *Lycopus lucidus* Turcz. var. *hirtus* Regel

别名俗名 毛叶地瓜儿苗、泽兰、矮地瓜苗。

形态特征 多年生草本。茎直立,四棱形,具槽。叶披针形,暗绿色,上面密被细刚毛状硬毛,叶缘具缘毛,下面主要在肋及脉上被刚毛状硬毛,两端渐狭,边缘具锐齿。轮伞花序;花萼钟形,萼齿5;花冠白色,冠檐不明显二唇形,上唇近圆形,下唇3裂,中裂片较大;雄蕊仅前对能育,后对雄蕊退化。小坚果倒卵圆状四边形。花期6～9月,果期8～11月。

生境分布 生于沼泽地、水边等潮湿处。分布于全国各地。

入药部位 地上部分,夏、秋二季茎叶茂盛时采割。

性味功用 味苦、辛,性微温。活血调经,祛瘀消痈,利水消肿。

135. 丹参 *Salvia miltiorrhiza* Bunge

别名俗名 赤参、逐乌、郁蝉草。

形态特征 多年生草本,全株密被长柔毛及腺毛。根肥厚,外面朱红色。叶常为奇数羽状复叶。轮伞花序组成假总状花序;花萼二唇形;花冠紫蓝色,上唇镰刀状,下唇短于上唇,3裂;能育雄蕊2;退化雄蕊线形。小坚果黑色,椭圆形。花期4～8月,花后见果。

生境分布 生于山坡、林下草丛或溪谷旁。分布于全国大部分地区。

入药部位 根和根茎,春、秋二季采挖。

性味功用 味苦,性微寒。活血祛瘀,通经止痛,清心除烦,凉血消痈。

136. 益母草 *Leonurus artemisia* (Laur.) S. Y. Hu

别名俗名 益母蒿、坤草、益母夏枯。

形态特征 一年生或二年生草本。茎四棱形,多分枝。叶二型;基生叶有长柄,叶片卵状心形;中部叶菱形,掌状3深裂;顶生叶近于无柄,线形。轮伞花序腋生;小苞片刺状;花萼管状钟形;花冠粉红至淡紫红色,二唇形,上唇直伸,下唇略短于上唇;雄蕊4。小坚果长圆状三棱形。花期通常在6～9月,果期9～10月。

生境分布 生于旷野向阳处。分布于全国各地。

入药部位 新鲜或干燥地上部分,鲜品春季幼苗期至初夏花前期采割;干品夏季茎叶茂盛、花未开或初开时采割。

性味功用 味苦、辛,性微寒。活血调经,利尿消肿,清热解毒。

137. 黄芩 *Scutellaria baicalensis* Georgi

别名俗名 山茶根、黄芩茶、土金茶根。

形态特征 多年生草本。根茎肥厚,肉质,断面黄色。茎基部多分枝。叶对生,具短柄,披针形至线状披针形,下面密被下陷的腺点。总状花序顶生;苞片叶状;花冠紫、紫红至蓝色;雄蕊4。小坚果卵球形,黑褐色,具瘤。花期7～8月,果期8～9月。

生境分布 生于向阳草坡地、休荒地上。分布于黑龙江、辽宁、内蒙古、河北、河南、甘肃、陕西、山西、山东、四川等地。

入药部位 根,春、秋二季采挖。

性味功用 味苦,性寒。清热燥湿,泻火解毒,止血,安胎。

138. 风轮菜 *Clinopodium chinense*（Benth.）O. Ktze.

别名俗名　野凉粉藤、苦刀草、九层塔。

形态特征　多年生草本。茎基部匍匐生根,多分枝。叶卵圆形,上面榄绿色,下面灰白色。轮伞花序;花萼上唇 3 齿,齿近外反,下唇 2 齿,齿稍长;花冠紫红色,内面在下唇下方喉部具二列毛茸;雄蕊 4。小坚果倒卵形。花期 5～8 月,果期 8～10 月。

生境分布　生于山坡、草丛、路边。分布于全国大部分地区。

入药部位　地上部分(称断血流),夏季开花前采收。

性味功用　味微苦、涩,性凉。收敛止血。

六十、茄科

139. 洋金花 *Datura metel* L.

别名俗名　白花曼陀罗、风茄花、闹羊花。

形态特征　一年生草本。叶互生,在茎上部为假对生;叶卵形或广卵形,先端渐尖,基部不对称。花单生于枝杈间或叶腋;花萼筒状;花冠长漏斗状;雄蕊 5,在重瓣类型中常变态成 15 左右。蒴果近球状或扁球状,疏生粗短刺,不规则 4 瓣裂。花、果期 3～12 月。

生境分布　生于向阳的山坡草地或住宅旁。分布于华东和华南。

入药部位　花(称洋金花),4～11 月花初开时采收。

性味功用　味辛,性温;有毒。平喘止咳,解痉定痛。

140. 枸杞 *Lycium chinense* Mill.

别名俗名　枸杞菜、狗牙子、狗奶子。

形态特征　有刺灌木。单叶互生或簇生,卵形至披针形。花在长枝上单生或双生于叶腋;花萼常 3 中裂或 4～5 齿裂;花冠漏斗状,5 深裂;雄蕊较花冠稍短,花丝在近基部处密生一圈茸毛并交织成椭圆状的毛丛,与毛丛等高处的花冠筒内壁亦密生一环茸毛。浆果红色。种子扁肾脏形。花、果期 6～11 月。

生境分布　生于山坡、荒地、丘陵地。分布于我国大部分地区。

入药部位　果实(称枸杞子)、根皮(称地骨皮),春初或秋后采挖。

性味功用　枸杞子:味甘,性平。滋补肝肾,益精明目。地骨皮:味甘,性寒。凉血除蒸,清肺降火。

141. 挂金灯 *Physalis alkekengi* L. var. *franchetii*（Mast.）Makino

别名俗名　酸浆实、酸浆、红姑娘、苦姑娘。

形态特征　一年生或多年生草本,高 40～80cm。根状茎长,横走。茎直立,不分枝,有纵棱,节稍膨大。单叶互生,或在茎上部 2 叶双生;叶片长卵形至广卵形或菱状卵形,近全缘。花单生于叶腋;花梗直立,花后向下弯曲,近无毛或疏被柔毛,果期无毛;花萼钟状,绿色,被柔毛,萼齿三角形;花冠辐状,白色,5 浅裂,裂片广三角形,外面被短柔毛,具缘毛;雄蕊与花柱短于花冠,花药黄色。果萼卵状,膨胀成灯笼状,橙红色至火红色,近革质,网脉显著,具 10 纵肋,先端萼齿闭合。浆果球形,包于膨胀的宿存萼内,熟时橙红色。种子多数,肾形,淡黄色。花期 6～7 月,果期 8～10 月。

生境分布　生于林缘、山坡草地、路旁、田间及住宅附近。分布于全国各地(除西藏外)。

入药部位　全草、带萼成熟果实。

性味功用　全草:味酸、苦,性寒。清热解毒,利尿消肿。带萼的果实:味苦,性寒。清热解毒,利咽化痰,利尿。

六十一、玄参科

142. 玄参 *Scrophularia ningpoensis* Hemsl.

别名俗名　元参、浙玄参、水萝卜。

形态特征　多年生高大草本,可达1m余。茎四棱形,有浅槽,无翅或有极狭的翅。叶在茎下部多对生,上部的有时互生。聚伞花序组成大而疏散的圆锥花序;花冠褐紫色,花冠筒多少球形,上唇长于下唇;雄蕊4,退化雄蕊大而近于圆形。蒴果卵圆形。花期6～10月,果期9～11月。

生境分布　生于竹林、溪旁、丛林及高草丛中。分布于全国大部分地区。

入药部位　根,冬季茎叶枯萎时采挖。

性味功用　味甘、苦、咸,性微寒。清热凉血,滋阴降火,解毒散结。

143. 地黄 *Rehmannia glutinosa*（Gaetn.）Libosch. ex Fisch. et Mey.

别名俗名　生地、怀地黄。

形态特征　多年生草本,全株密被灰白色多细胞长柔毛和腺毛。根茎肉质,鲜时黄色。叶基生,成丛,叶片卵形至长椭圆形。总状花序顶生;花冠管稍弯曲,外面紫红色,裂片5浅裂;雄蕊4;子房上位,2室。蒴果卵形至长卵形。花、果期4～7月。

生境分布　生于沙质壤土、荒山坡、路旁。分布于辽宁、河北、河南等地。

入药部位　新鲜或干燥块根,前者习称鲜地黄,后者习称生地黄。

性味功用　鲜地黄:味甘、苦,性寒。清热生津,凉血,止血。生地黄:味甘,性寒。清热凉血,养阴生津。

144. 阴行草 *Siphonostegia chinensis* Benth.

别名俗名　北刘寄奴、金钟茵陈、鬼麻油。

形态特征　一年生草本,全株密被锈色短毛。茎多单条,中空;枝对生,1～6对,密被无腺短毛。叶对生,全部为茎出,全缘。总状花序;苞片叶状,较萼短,羽状深裂或全裂,密被短毛;花萼5;花冠上唇镰状弓曲、红紫色,下唇黄色;雄蕊二强。蒴果黑褐色,稍具光泽,并有不十分明显的纵沟10。花期6～8月。

生境分布　生于干山坡与草地中。分布于全国大部分地区。

入药部位　全草(称北刘寄奴),秋季采收。

性味功用　味苦,性寒。活血祛瘀,通经止痛,凉血,止血,清热利湿。

六十二、列当科

145. 列当 *Orobanche coerulescens* Steph.

别名俗名　兔子拐棍、草苁蓉、独根草。

形态特征　二年生或多年生寄生草本,全株密被蛛丝状长绵毛。茎直立,不分枝,具明显的条纹,基部常稍膨大。叶干后黄褐色,生于茎下部的较密集,上部的渐变稀疏,卵状披针形,连同苞片和花萼外面及边缘密被蛛丝状长绵毛。花多数,排列成穗状花序,先端钝圆或呈锥状;苞片与叶同形并近等大,先端尾状渐尖;花冠深蓝色、蓝紫色或淡紫色,筒部在花丝着生处稍上方缢缩,口部稍扩大;雄蕊 4 枚,花丝着生于筒中部,基部略增粗,常被长柔毛,花药卵形,无毛;子房椭圆体状或圆柱状,花柱与花丝近等长,常无毛,柱头常 2 浅裂。蒴果卵状长圆形或圆柱形,干后深褐色。种子多数,干后黑褐色,不规则椭圆形或长卵形,表面具网状纹饰,网眼底部具蜂巢状凹点。花期 4～7 月,果期 7～9 月。

生境分布 生于沙丘、山坡及草地上,海拔 850～4000m。分布于东北、华北、西北地区。

入药部位 全草。

性味功用 味甘、咸,性温。补肾阳,强筋骨,润肠通便。

六十三、车前科

146. 车前 *Plantago asiatica* L.

别名俗名 车轮草、猪耳草、车轱辘菜。

形态特征 二年生或多年生草本。须根多数。根茎短,稍粗。叶基生呈莲座状,平卧、斜展或直立;叶片薄纸质或纸质,宽卵形至宽椭圆形,先端钝圆至急尖,边缘波状、全缘或中部以下有锯齿、牙齿或裂齿,基部宽楔形或近圆形,多少下延,两面疏生短柔毛。花序直立或弓曲上升;花序梗有纵条纹,疏生白色短柔毛;穗状花序细圆柱状;花冠白色,无毛,冠筒与萼片约等长,裂片狭三角形,先端渐尖或急尖,具明显的中脉,于花后反折;雄蕊着生于冠筒内面近基部,与花柱明显外伸。蒴果纺锤状卵形、卵球形或圆锥状卵形,于基部上方周裂。种子卵状椭圆形或椭圆形,具角,黑褐色至黑色,背腹面微隆起;子叶背腹向排列。花期 4～8 月,果期 6～9 月。

生境分布 生于草地、路边或湖畔。全国大多数地区均有分布。

入药部位 种子(称车前子)、全草(称车前草)。

性味功用 车前子:味甘,性寒。清热利尿通淋,渗湿止泻,明目,祛痰。车前草:味甘,性寒。清热利尿通淋,祛痰,凉血,解毒。

147. 平车前 *Plantago depressa* Willd.

别名俗名 车前草、车串串、小车前。

形态特征 一年生草本,高 5～20cm。直根。叶基生,柄长 1.3～3cm;基生叶直立或平铺,椭圆形、椭圆状披针形或卵状披针形,边缘有疏浅齿或近全缘,上面绿色,下面淡绿色,有 5～7 近于平行的弧形脉,幼时有毛。花葶少数;穗状花序长 4～10cm,先端花密,下部稀疏;苞片三角状卵形,白膜质;萼片 4,椭圆形,基部微连合;苞片 5,萼片中央均有绿色突起,边缘白膜质;花冠膜质,先端浅裂,向外反卷;雄蕊 4,超出花冠。蒴果圆锥形,盖裂。种子长卵圆形,黑棕色。花期 6～7 月,果期 7～8 月。

生境分布 生于草地、路边或湖畔。全国大多数地区均有分布。

其他同车前。

六十四、忍冬科

148. 忍冬 *Lonicera japonica* Thunb.

别名俗名 金银花、右转藤、金银藤。

形态特征 半常绿藤本。幼枝皆红褐色,密被黄褐色、开展的硬直糙毛、腺毛和短柔毛,下部常无毛。叶纸质,卵形至矩圆状卵形,有时卵状披针形,稀圆卵形或倒卵形,小枝上部叶通常两面均密被短糙毛,下部叶常平滑无毛而下面多少带青灰色;叶柄密被短柔毛。总花梗通常单生于小枝上部叶腋,与叶柄等长或稍较短;苞片大,叶状,卵形至椭圆形,两面均有短柔毛或有时近无毛;小苞片先端圆形或截形,有短糙毛和腺毛;花冠白色,有时基部向阳面呈微红,后变黄色;雄蕊和花柱均高出花冠。果实圆形,熟时蓝黑色,有光泽。种子卵圆形或椭圆形,褐色。花期 4～6 月(秋季亦常开花),果熟期 10～11 月。

生境分布　生于山坡灌丛、疏林或村庄篱笆边。全国各地均有分布。

入药部位　花蕾或带初开的花(称金银花或双花)、藤茎(称忍冬藤)。

性味功用　味甘,性寒。清热解毒,疏散风热。

六十五、桔梗科

149. 桔梗 *Platycodon grandiflorus*（Jacq.）A. DC.

别名俗名　道拉基、铃铛花、僧帽花。

形态特征　多年生草本,有白色乳汁。茎高 20～120cm,通常无毛,偶密被短毛,不分枝,极少上部分枝。叶全部轮生,部分轮生至全部互生,无柄或有极短的柄,叶片卵形、卵状椭圆形至披针形,基部宽楔形至圆钝,先端急尖,上面无毛而绿色,下面常无毛而有白粉,有时脉上有短毛或瘤突状毛,边缘具细锯齿。花单朵顶生,或数朵集成假总状花序,或有花序分枝而集成圆锥花序;花萼筒部半圆球状或圆球状倒锥形,被白粉,裂片三角形,或狭三角形,有时齿状;花冠大,蓝色或紫色。蒴果球状,或球状倒圆锥状,或倒卵状。花期 7～9 月。

生境分布　生于海拔 2000m 以下的阳处草丛、灌丛中。华北、华东各地均有分布。

入药部位　根。

性味功用　味苦、辛,性平。宣肺,祛痰,利咽,排脓。

150. 党参 *Codonopsis pilosula*（Franch.）Nannf.

别名俗名　上党人参、狮头参、中灵草。

形态特征　多年生草本,具乳汁。茎基具多数瘤状茎痕,根常肥大呈纺锤状或纺锤状圆柱形,较少分枝或中部以下略有分枝,表面灰黄色,上端部分有细密环纹,而下部则疏生横长皮孔,肉质。茎缠绕,有多数分枝,具叶,不育或先端着花,黄绿色或黄白色,无毛。叶在主茎及侧枝上的互生,在小枝上的近于对生;叶柄有疏短刺毛;叶片卵形或狭卵形,端钝或微尖,基部近于心形,边缘具波状钝锯齿,分枝上叶片渐趋狭窄。花单生于枝端,与叶柄互生或近于对生,有梗;花萼贴生至子房中部,筒部半球状;花冠上位,阔钟状,黄绿色,内面有明显紫斑;花丝基部微扩大,花药长形;柱头有白色刺毛。蒴果下部半球状,上部短圆锥状。种子多数,卵形,无翼,细小,棕黄色,光滑无毛。花、果期 7～10 月。

生境分布　生于海拔 1560～3100m 的山地林边及灌丛中。全国各地大量栽培。

入药部位　根。

性味功用　味甘,性平。健脾益肺,养血生津。

151. 半边莲 *Lobelia chinensis* Lour.

别名俗名　细米草、急解索、瓜仁草。

形态特征　多年生草本。茎细弱,匍匐,节上生根,分枝直立,无毛。叶互生,无柄或近无柄,椭圆状披针形至条形,先端急尖,基部圆形至阔楔形,全缘或顶部有明显的锯齿,无毛。花通常 1,生分枝的上部叶腋;花梗细,小苞片无毛;花萼筒倒长锥状,基部渐细而与花梗无明显区分,无毛,裂片披针形,约与萼筒等长,全缘或下部有 1 对小齿;花冠粉红色或白色,背面裂至基部,喉部以下生白色柔毛,裂片全部平展于下方,呈一个平面,2侧裂片披针形,较长,中间3裂片椭圆状披针形,较短;花丝中部以上连合,花丝筒无毛,未连合部分的花丝侧面生柔毛,花药管背部无毛或疏生柔毛。蒴果倒锥状。种子椭圆状,稍扁压,近肉色。花、果期5~10月。

  生境分布 生于田边、沟边及潮湿草地上。分布于长江中、下游及以南各地。

  入药部位 全草。

  性味功用 味辛,性平。清热解毒,利尿消肿。

六十六、菊科

  152. 苍术 *Atractylodes lancea*（Thunb.）DC.

  别名俗名 术、赤术、北苍术。

  形态特征 多年生草本。根状茎平卧或斜升,粗长或通常呈疙瘩状,生多数等粗等长或近等长的不定根。茎直立,单生或少数茎成簇生,全部茎枝被稀疏的蛛丝状毛或无毛。基部叶花期脱落;中下部叶羽状深裂或半裂,基部楔形或宽楔形,几无柄,扩大半包茎,或全部茎叶不裂;全部叶质地硬,硬纸质,两面同色,绿色,无毛。头状花序单生茎枝先端,总苞钟状;苞叶针刺状羽状全裂或深裂;总苞片5~7层,覆瓦状排列,最外层及外层卵形至卵状披针形;中层长卵形至长椭圆形或卵状长椭圆形;内层线状长椭圆形或线形;全部苞片先端钝或圆形,边缘有稀疏蛛丝毛,中内层或内层苞片上部有时变红紫色;小花白色。瘦果倒卵圆形,被稠密的顺向贴伏的白色长直毛,有时变稀毛。冠毛刚毛褐色或污白色,羽毛状,基部连合成环。花、果期6~10月。

  生境分布 野生于山坡草地、林下、灌丛及岩缝中。浙江、安徽等地广泛栽培。

  入药部位 根茎,北方产的为北苍术,南方产的为南苍术。

  性味功用 味辛、苦,性温。燥湿健脾,祛风散寒,明目。

  153. 白术 *Atractylodes macrocephala* Koidz.

  别名俗名 桴蓟、杨枹蓟、山蓟。

  形态特征 多年生草本。根状茎结节状。茎直立,通常自中下部长分枝,全部光滑无毛。中部茎叶有叶柄,叶片通常3~5羽状全裂,极少兼杂不裂而叶为长椭圆形的;自中部茎叶向上向下,叶渐小,与中部茎叶等样分裂;接花序下部的叶不裂,椭圆形或长椭圆形,无柄;全部叶质地薄,纸质,两面绿色,无毛,边缘或裂片边缘有长或短针刺状缘毛或细刺齿。头状花序单生茎枝先端,但不形成明显的花序式排列;苞叶绿色,针刺状羽状全裂;总苞大,宽钟状,覆瓦状排列;外层及中外层长卵形或三角形;中层披针形或椭圆状披针形;最内层宽线形,先端紫红色;全部苞片先端钝,边缘有白色蛛丝毛;小花紫红色,冠檐5深裂。瘦果倒圆锥状,被顺向顺伏的稠密白色的长直毛。冠毛刚毛羽毛状,污白色,基部结合成环状。花、果期8~10月。

  生境分布 野生于山坡草地及林下。江苏、安徽、四川、湖北等多地栽培。

  入药部位 根状茎,以浙江於潜产者品质为佳,称於术。

  性味功用 味苦、甘,性温。健脾益气,燥湿利水,止汗,安胎。

  154. 苍耳 *Xanthium sibiricum* Patrin ex Widder

  别名俗名 粘头婆、野茄子、老苍子。

  形态特征 一年生草本。根纺锤状,分枝或不分枝。茎直立,不分枝或少有分枝,下部圆柱形。叶三角状卵形或心形,近全缘,或浅裂,先端尖或钝,基部稍心形或截形,与叶柄连接处成相等的楔形,边缘有不规则的粗锯齿。雄性的头状花序球形,总苞片长圆状披针形,花冠钟形;雌性的头状花序椭圆形,外层总苞片小,披针形,绿色、淡黄绿色或有时带红褐色,在瘦果成熟时变坚硬,外面有疏生的具钩状的刺,刺极细而直,基部微增粗或几不增粗。瘦果 2,倒卵形。花期 7～8 月,果期 9～10 月。

生境分布　生于荒野路边、田边。广布于东北、华北、华东、华南、西南各地。

入药部位　成熟带总苞的果实(称苍耳子)。

性味功用　味辛、苦,性温;有毒。散风寒,通鼻窍,祛风湿。

155. 艾 *Artemisia argyi* Levl. et Van.

别名俗名　艾蒿、白蒿、五月艾。

形态特征　多年生草本或略成半灌木状,植株有浓烈香气。主根明显,略粗长,侧根多;常有横卧地下根状茎及营养枝。茎单生或少数,有明显纵棱,褐色或灰黄褐色,基部稍木质化,上部草质,并有少数短的分枝;茎、枝均被灰色蛛丝状柔毛。叶厚纸质,上面被灰白色短柔毛,并有白色腺点与小凹点,背面密被灰白色蛛丝状密茸毛。头状花序椭圆形,无梗或近无梗,每数枚至十余枚在分枝上排成小型的穗状花序或复穗状花序,并在茎上通常再组成狭窄、尖塔形的圆锥花序,花后头状花序下倾;总苞片覆瓦状排列;花序托小;雌花紫色,花柱细长,伸出花冠外甚长,先端 2 叉;两性花 8～12,花冠管状或高脚杯状,外面有腺点,檐部紫色。瘦果长卵形或长圆形。花、果期 7～10 月。

生境分布　生于荒地、路边或山坡等地。全国各地均有分布。

入药部位　叶。叶捣为绒,为艾灸的原料。

性味功用　味辛、苦,性温;有小毒。温经止血,散寒止痛;外用祛湿止痒。

156. 红花 *Carthamus tinctorius* L.

别名俗名　红蓝花、刺红花。

形态特征　一年生草本。茎直立,上部分枝,全部茎枝白色或淡白色,光滑,无毛。中下部茎叶披针形、披状披针形或长椭圆形,边缘大锯齿、重锯齿、小锯齿以至无锯齿而全缘。全部叶质地坚硬,革质,两面无毛无腺点,有光泽,基部无柄,半抱茎。头状花序多数,在茎枝先端排成伞房花序,为苞叶所围绕,苞片椭圆形或卵状披针形。总苞片 4 层,外层竖琴状,中部或下部有收缢,收缢以上叶质,绿色,边缘无针刺或有篦齿状针刺,收缢以下黄白色;中内层硬膜质,倒披针状椭圆形至长倒披针形,先端渐尖。全部苞片无毛无腺点。小花红色、橘红色,全部为两性,花冠裂片几达檐部基部。瘦果倒卵形,乳白色,有 4 棱,棱在果顶伸出,侧生着生面。无冠毛。花、果期 5～8 月。

生境分布　原产于中亚地区。现新疆广泛栽培。

入药部位　花。红花除药用以外,也是我国古代用以染织物的红色色素原料。

性味功用　味辛,性温。活血通经,散瘀止痛。

157. 千里光 *Senecio scandens* Buch. -Ham. ex D. Don

别名俗名　九里明、蔓黄菀。

形态特征　多年生攀缘草本,根状茎木质。茎伸长,弯曲,多分枝,被柔毛或无毛,老时变木质,皮淡色。叶具柄,叶片卵状披针形至长三角形,先端渐尖,基部宽楔形、截形、戟形或稀心形,通常具浅或深齿,稀全缘;叶柄具柔毛或近无毛,无耳或基部有小耳;上部叶变小,披针形或线状披针形,长渐尖。头状花序有舌状花,多数,在茎枝端排列成顶生复聚伞圆锥花序;分枝和花序梗被密至疏短柔毛;花序梗具苞片,小苞片线状钻形;总苞圆柱状钟形,具外层苞片,苞片线状钻形;总苞片线状披针形,渐尖,上端和上部边缘有缘毛状短柔毛,草质,边缘宽干膜质,背面有短柔毛或无毛,具3脉。舌状花舌片黄色,长圆形;管状花多数;花冠黄色,檐部漏斗状;裂片卵状长圆形,尖,上端有乳头状毛。瘦果圆柱形,被柔毛。花期8月至翌年4月。

生境分布 生于森林、灌丛中及岩石上。分布于华中、华南等地。

入药部位 地上部分。

性味功用 味苦,性寒。清热解毒,明目,利湿。

158. 刺儿菜 *Cirsium setosum*（Willd.）MB.

别名俗名 小蓟、青青草、蓟蓟草。

形态特征 多年生草本。茎直立,上部有分枝,花序分枝无毛或有薄茸毛。基生叶和中部茎叶椭圆形、长椭圆形或椭圆状倒披针形,先端钝或圆形,基部楔形,有时有极短的叶柄,叶缘有细密的针刺,针刺紧贴叶缘。全部茎叶两面同色,绿色或下面色淡,两面无毛,极少两面异色,上面绿色,无毛,下面被稀疏或稠密的茸毛而呈现灰色的,亦极少两面同色,灰绿色,两面被薄茸毛。头状花序单生茎端,或植株含少数或多数头状花序在茎枝先端排成伞房花序;总苞卵形、长卵形或卵圆形;总苞片约6层,覆瓦状排列,向内层渐长;小花紫红色或白色。瘦果淡黄色,椭圆形或偏斜椭圆形,压扁,先端斜截形。冠毛污白色,多层,整体脱落;冠毛刚毛长羽毛状,先端渐细。花、果期5～9月。

生境分布 生于山坡、河旁或田间。除西藏、云南、广东、广西外,全国各地广布。

入药部位 地上部分(称小蓟)。

性味功用 味甘、苦,性凉。凉血止血,散瘀解毒消痈。

159. 野菊 *Dendranthema indicum*（L.）Des Moul.

别名俗名 路边黄、山菊花、黄菊仔。

形态特征 多年生草本,有地下长或短匍匐茎。茎直立或铺散,分枝或仅在茎顶有伞房状花序分枝。茎枝被稀疏的毛,上部及花序枝上的毛稍多或较多。基生叶和下部叶花期脱落;中部茎叶卵形、长卵形或椭圆状卵形,羽状半裂、浅裂或分裂不明显而边缘有浅锯齿;基部截形或稍心形或宽楔形,柄基无耳或有分裂的叶耳;两面同色或几同色,淡绿色,或干后两面呈橄榄色,有稀疏的短柔毛,或下面的毛稍多。头状花序,多数在茎枝先端排成疏松的伞房圆锥花序或少数在茎顶排成伞房花序;总苞片约5层,外层卵形或卵状三角形,中层卵形,内层长椭圆形;全部苞片边缘白色或褐色宽膜质,先端钝或圆;舌状花黄色。瘦果。花期6～11月。

生境分布 生于山坡草地、田边及路旁。广布于东北、华北、华中、华南及西南各地。

入药部位 头状花序(称野菊花)。

性味功用 味苦、辛,性微寒。清热解毒,泻火平肝。

160. 茵陈蒿 *Artemisia capillaris*

别名俗名 白茵陈、绵茵陈、茵陈。

形态特征 半灌木状草本,植株有浓烈的香气。主根明显木质,垂直或斜向下伸长。茎单生或少数,红褐色或褐色,有不明显的纵棱,基部木质,上部分枝多,向上斜伸展;茎、枝初时密生灰白色或灰黄色绢质柔毛,后渐稀疏或脱落无毛。营养枝端有密集叶丛,基生叶密集着生,常呈莲座状;基生叶、茎下部叶与营养枝叶两面均被棕黄色或灰黄色绢质柔毛,后期茎下部叶被毛脱落;花期上述叶均萎谢。头状花序卵球形,稀近球形,多数,有短梗及线形的小苞叶,常排成复总状花序,并在茎上端组成大型、开展的圆锥花序;总苞片 3～4 层;花序托小,突起;雌花花冠狭管状或狭圆锥状,花柱细长,伸出花冠外,先端 2 叉,叉端尖锐;两性花 3～7,不孕育,花冠管状。瘦果长圆形或长卵形。花、果期 7～10 月。

生境分布　生于低海拔地区河岸、海岸附近的湿润沙地、路旁及低山坡地区。全国广布。

入药部位　地上部分(春季采收的习称绵茵陈,秋季采收的称花茵陈)。

性味功用　味苦、辛,性微寒。清利湿热,利胆退黄。

161. 牛蒡 *Arctium lappa* L.

别名俗名　恶实、大力子。

形态特征　二年生草本,具粗大的肉质直根,长达 15cm,径可达 2cm,有分枝支根。茎直立,高达 2m,粗壮,基部直径达 2cm,通常带紫红或淡紫红色,有多数高起的条棱。基生叶宽卵形,边缘稀疏的浅波状凹齿或齿尖,基部心形,有长达 32cm 的叶柄,两面异色,上面绿色,下面灰白色或淡绿色;茎生叶与基生叶同形或近同形。头状花序多数或少数在茎枝先端排成疏松的伞房花序或圆锥状伞房花序,花序梗粗壮;总苞卵形或卵球形;总苞片多层;小花紫红色。瘦果倒长卵形或偏斜倒长卵形。冠毛多层,浅褐色,基部不连合成环,分散脱落。花、果期 6～9 月。

生境分布　生于山坡、山谷、林缘及灌丛中。全国各地普遍分布。

入药部位　果实(称牛蒡子或大力子)。

性味功用　味辛、苦,性寒。疏散风热,宣肺透疹,解毒利咽。

162. 旋覆花 *Inula japonica* Thunb.

别名俗名　金沸花、金沸草、六月菊。

形态特征　多年生草本。根状茎短,横走或斜升,有多少粗壮的须根。茎单生,有时 2～3 个簇生,直立,有时基部具不定根。基部叶常较小,在花期枯萎;中部叶长圆形、长圆状披针形或披针形,基部多少狭窄,常有圆形半抱茎的小耳,无柄,先端稍尖或渐尖;上部叶渐狭小,线状披针形。头状花序,多数或少数排列成疏散的伞房花序;花序梗细长。总苞半球形;总苞片约 6 层,线状披针形,近等长,外层基部革质,上部叶质,背面有伏毛或近无毛,有缘毛;内层除绿色中脉外干膜质,渐尖,有腺点和缘毛。舌状花黄色;舌片线形;管状花花冠有三角披针形裂片。瘦果圆柱形,有 10 沟,先端截形,被疏短毛。花期 6～10 月,果期 9～11 月。

生境分布　生于山坡路旁、湿润草地、河岸上。广布于我国北部、东北部、中部各地。

入药部位　头状花序、全草(称金沸草)。

性味功用　味苦、辛、咸,性微温。降气,消痰,行水,止呕。

163. 豨莶 *Siegesbeckia orientalis* L.

别名俗名　虾柑草、粘糊菜。

形态特征　一年生草本;茎直立;全部分枝被灰白色短柔毛。基部叶花期枯萎;中部叶三角状卵圆形或卵状披针形,基部阔楔形,下延成具翼的柄,先端渐尖,边缘有规则的浅裂或粗齿,纸质,上面绿色,下面淡绿,具腺点,两面被毛,三出基脉,侧脉及网脉明显;上部叶渐小,卵状长圆形,边缘浅波状或全缘,近无柄。头状花序多数聚生于枝端,排列成具叶的圆锥花序;总苞阔钟状;总苞片 2 层,叶质,背面被紫褐色头状具柄的腺毛;花黄色。瘦果倒卵圆形,有 4 棱,先端有灰褐色环状突起。花期 4～9 月,果期 6～11 月。

生境分布　生于山野、荒地、灌丛及林下。安徽、四川、陕西等地多有分布。

入药部位 地上部分(称豨莶草)。

性味功用 味辛、苦,性寒。祛风湿,利关节,解毒。

164. 漏芦 *Stemmacantha uniflora* (L.) Dittrich

别名俗名 祁州漏芦、狼头花、野兰、鬼油麻。

形态特征 多年生草本。根状茎粗厚。根直伸。茎直立,不分枝,簇生或单生,灰白色,被棉毛,基部被褐色残存的叶柄。基生叶及下部茎叶全形椭圆形、长椭圆形、倒披针形,羽状深裂或几全裂,有长叶柄;中上部茎叶渐小,与基生叶及下部茎叶同形并等样分裂,无柄或有短柄;全部叶质地柔软,两面灰白色,被稠密的或稀疏的蛛丝毛及多细胞糙毛和黄色小腺点;叶柄灰白色,被稠密的蛛丝状棉毛。头状花序单生茎顶,花序梗粗壮,裸露或有少数钻形小叶;总苞半球形;总苞片覆瓦状排列,向内层渐长;全部苞片先端有膜质附属物;全部小花两性,管状,花冠紫红色。瘦果3～4棱,楔状,先端有果缘,果缘边缘细尖齿,侧生着生面。冠毛褐色,多层,不等长,向内层渐长,基部连合成环,整体脱落;冠毛刚毛糙毛状。花、果期4～9月。

生境分布 生于山坡丘陵地、松林下或桦木林下。分布于黑龙江、吉林、辽宁、山东等地。

入药部位 根。

性味功用 味苦,性寒。清热解毒,消痈,下乳,舒筋通脉。

165. 款冬 *Tussilago farfara* L.

别名俗名 冬花、蜂斗菜、款冬蒲公英。

形态特征 多年生草本。根状茎横生地下,褐色。早春花叶抽出数个花葶,密被白色茸毛,有鳞片状,互生的苞叶,苞叶淡紫色。头状花序单生先端,初时直立,花后下垂;总苞片1～2层,总苞钟状,总苞片线形,先端钝,常带紫色,被白色柔毛及脱毛,有时具黑色腺毛;边缘有多层雌花,花冠舌状,黄色,子房下位;柱头2裂;中央的两性花少数,花冠管状,先端5裂;花药基部尾状;柱头头状,通常不结实。瘦果圆柱形。冠毛白色。后生出基生叶阔心形,具长叶柄,叶片边缘有波状,先端增厚的疏齿,掌状网脉,下面密被白色茸毛;叶柄被白色棉毛。

生境分布 常生于山谷湿地或林下。东北、华北、西北等地有分布。

入药部位 花蕾(称款冬花)。

性味功用 味辛、苦,性温。润肺下气,止咳化痰。

166. 紫菀 *Aster tataricus* L. f.

别名俗名 青牛舌头花、青菀、山白菜。

形态特征 多年生草本。根状茎斜升。茎直立,粗壮,基部有纤维状枯叶残片且常有不定根,有棱及沟,被疏粗毛,有疏生的叶。基部叶在花期枯落,长圆状或椭圆状匙形,下半部渐狭成长柄,下部叶匙状长圆形,常较小,下部渐狭或急狭成具宽翅的柄,渐尖,边缘除顶部外有密锯齿;中部叶长圆形或长圆披针形,无柄,全缘或有浅齿,上部叶狭小;全部叶厚纸质,上面被短糙毛,下面被稍疏的但沿脉被较密的短粗毛。头状花序多数,在茎和枝端排列成复伞房状;花序梗长,有线形苞叶。瘦果倒卵状长圆形,紫褐色,两面各有1脉或少有3脉,上部被疏粗毛。冠毛污白色或带红色,有多数不等长的糙毛。花期7～9月,果期8～10月。

生境分布 生于低山阴坡湿地、山顶和低山草地。产于黑龙江、吉林、辽宁、河北等地。

入药部位 根及根茎。

性味功用 味辛、苦,性温。润肺下气,消痰止咳。

167. 蒲公英 *Taraxacum mongolicum* Hand. -Mazz.

别名俗名　黄花地丁、婆婆丁、姑姑英。

形态特征　多年生草本。根圆柱状,黑褐色,粗壮。叶倒卵状披针形、倒披针形或长圆状披针形,先端钝或急尖,边缘有时具波状齿或羽状深裂,有时倒向羽状深裂或大头羽状深裂,先端裂片较大,三角形或三角状戟形,全缘或具齿,叶柄及主脉常带红紫色,疏被蛛丝状白色柔毛或几无毛。花葶 1 至数个,与叶等长或稍长,上部紫红色,密被蛛丝状白色长柔毛;头状花序;总苞钟状,淡绿色;总苞片 2～3 层,外层总苞片卵状披针形或披针形;内层总苞片线状披针形;舌状花黄色,边缘花舌片背面具紫红色条纹。瘦果倒卵状披针形,暗褐色,上部具小刺,下部具成行排列的小瘤,先端逐渐收缩为长约 1mm 的圆锥至圆柱形喙基。花期 4～9 月,果期 5～10 月。

生境分布　生于山坡草地、路边、田野及河滩。全国大部分地区有分布。

入药部位　全草。

性味功用　味苦、甘,性寒。清热解毒,消肿散结,利尿通淋。

六十七、泽泻科

168. 泽泻 *Alisma plantago-aquatica* Linn.

别名俗名　水泽、如意花。

形态特征　多年生水生或沼生草本。块茎大。叶通常多数;沉水叶条形或披针形;挺水叶宽披针形、椭圆形至卵形,先端渐尖,稀急尖,基部宽楔形、浅心形,叶脉通常 5,叶柄基部渐宽,边缘膜质。花两性;外轮花被片广卵形,边缘膜质,内轮花被片近圆形,远大于外轮,边缘具不规则粗齿,白色、粉红色或浅紫色;心皮 17～23,排列整齐,花柱直立,长于心皮,柱头短,花药椭圆形,黄色或淡绿色;花托平凸,近圆形。瘦果椭圆形或近矩圆形,背部具 1～2 不明显浅沟,下部平,果喙自腹侧伸出,喙基部突起,膜质。种子紫褐色,具突起。花、果期 5～10 月。

生境分布　生于湖泊、河湾、溪流或水塘的浅水带。主要分布于黑龙江、河北等地。

入药部位　块茎。

性味功用　味甘、淡,性寒。利水渗湿,泻热,化浊降脂。

六十八、天南星科

169. 天南星 *Arisaema heterophyllum* Blume

别名俗名　南星、狗爪半夏、山魔芋。

形态特征　多年生草本。块茎扁球形,顶部扁平,周围生根,常有若干侧生芽眼。鳞芽 4～5,膜质。叶常单 1,叶柄圆柱形,粉绿色,下部 3/4 鞘筒状,鞘端斜截形;叶片鸟足状分裂,裂片 13～19,有时更少或更多,倒披针形、长圆形、线状长圆形,基部楔形,先端骤狭渐尖,全缘,暗绿色,背面淡绿色,中裂片无柄或具短柄。花序柄从叶柄鞘筒内抽出;佛焰苞管部圆柱形,粉绿色,内面绿白色,喉部截形,外缘稍外卷;檐部卵形或卵状披针形,下弯几呈盔状,背面深绿色、淡绿色至淡黄色,先端骤狭渐尖;肉穗花序两性和雄花序单性;两性花序,下部雌花序,上部雄花序,此中雄花疏,大部分不育,有的退化为钻形中性花;雌花球形,花柱明显,柱头小,胚珠 3～4,直立于基底胎座上;雄花具柄,白色,顶孔横裂。浆果黄红色、红色,圆柱形,内有棒头状种子 1,不育胚珠 2～3。种子黄色,具红色斑点。花期 4～5 月,果期 7～9 月。

生境分布　生于林下、灌丛或草地。除西北及西藏外,全国大部分地区都有分布。

入药部位　块茎。

性味功用　味苦、辛,性温;有毒。散结消肿。

170. 东北南星 *Arisaema amurense* Maxim.

别名俗名　东北天南星、大头参、天老星、山苞米。

形态特征　多年生草本。块茎小,近球形。鳞叶 2,线状披针形,锐尖,膜质。叶 1,叶柄下部 1/3 具鞘,紫色;叶片鸟足状分裂,裂片 5,倒卵形、倒卵状披针形或椭圆形,先端短渐尖或锐尖,基部楔形。花序柄短于叶柄;佛焰苞长约 10cm,管部漏斗状,白绿色,喉部边缘斜截形,狭外,卷;檐部直立,卵状披针形,渐尖,绿色或紫色具白色条纹;肉穗花序单性,雄花序上部渐狭,花疏;雌花序短圆锥形;各附属器具短柄,棒状,基部截形,向上略细,先端钝圆;雄花具柄;雌花子房倒卵形,柱头大,盘状,具短柄。浆果红色。种子 4,红色,卵形。肉穗花序轴常于果期增大,果落后紫红色。花期 5 月,果 9 月成熟。

生境分布　生于林下和沟旁。产于北京、河北、内蒙古、陕西、黑龙江、吉林等地。

入药部位　块茎(称天南星)。

性味功用　味苦、辛,性温;有毒。散结消肿。

171. 半夏 *Pinellia ternate*（Thunb.）Breit.

别名俗名　三步跳、地慈姑、三叶半夏。

形态特征　多年生草本。块茎圆球形,具须根。叶 2～5,有时 1。叶柄基部具鞘,鞘内、鞘部以上或叶片基部(叶柄顶头)有珠芽,珠芽在母株上萌发或落地后萌发;幼苗叶片卵状心形至戟形,为全缘单叶;老株叶片 3 全裂,裂片绿色,背淡,长圆状椭圆形或披针形,两头锐尖。花序柄长于叶柄;佛焰苞绿色或绿白色,管部狭圆柱形;檐部长圆形,绿色,有时边缘青紫色,钝或锐尖;肉穗花序,附属器绿色变青紫色,直立,有时"S"形弯曲。浆果卵圆形,黄绿色,先端渐狭为明显的花柱。花期 5～7 月,果 8 月成熟。

生境分布　生于草坡、荒地、田边或疏林下,为旱地杂草之一。全国各地广布。

入药部位　块茎。

性味功用　味辛,性温;有毒。燥湿化痰,降逆止呕,消痞散结。

六十九、百部科

172. 百部 *Stemona japonica*（Bl.）Miq

别名俗名　百部。

形态特征　多年生缠绕草本。块根成束;肉质,长纺锤形。叶轮生,叶片卵形至卵状披针形。花单生于叶腋;花被片 4,开放后反卷,淡绿色;雄蕊 4,2 裂,紫色,药隔先端膨大并伸出,形成突出于花药之上的膜质。蒴果卵形,稍扁,熟时 2 瓣裂。花期 5 月,果期 7 月。

生境分布　生于阳坡灌木林下或竹林下。分布于江苏、浙江、江西、福建、安徽等地。

入药部位　块根(称百部),春、秋二季采挖。

性味功用　味甘、苦,性微温。润肺下气止咳,杀虫灭虱。

七十、百合科

173. 百合 *Lilium brownii* var. *viridulum* Baker

别名俗名　强瞿、番韭、山丹、倒仙。

形态特征 多年生草本。鳞茎球形,鳞茎瓣广展,无节,白色。叶散生,上部常比中部叶小。花 1～4,喇叭形,有花被管,花被片 6,倒卵形,多为乳白色,背面带紫褐色,无斑点;雄蕊 6,上部向上弯,丁字着药;子房长圆柱形,无毛,柱头 3 裂。蒴果矩圆形,具多数种子。花期 7 月,果期 9～10 月。

生境分布 生于山地林下、灌丛、草地、石缝间。分布于华东、西南各地及河南、河北等。

入药部位 肉质鳞叶(称百合),秋季采挖。

性味功用 味甘,性寒。养阴润肺,清心安神。

174. 卷丹 *Lilium lancifolium* Thunb.

别名俗名 虎皮百合、倒垂莲、药百合、卷莲花。

形态特征 多年生草本。鳞茎近宽球形;鳞片宽卵形。叶散生,矩圆状披针形或披针形,上部叶腋有珠芽。花 3～6 或更多;苞片叶状,卵状披针形,先端钝,有白绵毛;花紫色,有白色绵毛;花下垂,花被片披针形,反卷,橙红色,有紫黑色斑点;雄蕊四面张开;子房圆柱形,柱头稍膨大,3 裂。蒴果狭长卵形。花期 7～8 月,果期 9～10 月。

生境分布 生于山坡灌木林下、草地,路边或水旁。分布于全国大部分地区。

入药部位 肉质鳞叶(称百合),秋季采挖。

性味功用 味甘,性寒。养阴润肺,清心安神。

175. 麦冬 *Ophiopogon japonicus* (L. f.) Ker-Gawl.

别名俗名 麦门冬、沿阶草。

形态特征 根较粗,中间或近末端常膨大成椭圆形或纺锤形的小块根;地下走茎细长,节上具膜质的鞘。茎很短,叶基生成丛,禾叶状,具 3～7 脉,边缘具细锯齿。花葶长,通常比叶短得多,总状花序,具几朵至十几朵花;花单生或成对着生于苞片腋内;花被片常稍下垂而不展开,披针形,白色或淡紫色。种子球形。花期 5～8 月,果期 8～9 月。

生境分布 生于山坡阴湿处、林下或溪旁。分布于全国大部分地区。

入药部位 块根(称麦冬),夏季采挖。

性味功用 味甘、微苦,性微寒。养阴生津,润肺清心。

176. 阔叶山麦冬 *Liriope platyphylla* Wang et Tang

别名俗名 麦门冬。

形态特征 植株有时丛生。根稍粗,分枝多,近末端处常膨大成矩圆形、椭圆形或纺锤形的肉质小块根;根状茎短,木质,具地下走茎。叶先端急尖或钝,基部常包以褐色的叶鞘,上面深绿色,背面粉绿色。花葶通常长于或几等长于叶,少数稍短于叶;总状花序,具多数花,常簇生于苞片腋内。种子近球形。花期 7～8 月,果期 9～10 月。

生境分布 生于山坡、林下、路旁或湿地;分布于华东、中南及四川、贵州等地。

入药部位 块根(称土麦冬),夏季采收。

性味功用 味甘、微苦,性微寒。养阴生津。

177. 华重楼 *Paris polyphylla* var. *chinensis* (Franch.) Hara

别名俗名 七叶一枝花、蚤休。

形态特征 多年生草本。根状茎粗厚,密生多数环节和许多须根。茎通常带紫红色。5～8 叶轮生,通常 7 叶,倒卵状披针形、矩圆状披针形或倒披针形,基部通常楔形。内轮花被片狭条形,通常中部以上变宽,长为外轮的 1/3 至近等长或稍超过;雄蕊 8～10。蒴果紫色。种子多数,具鲜红色多浆汁的外种皮。花期5~7月,果期8~10月。

  生境分布 生于林下阴处或沟谷边的草丛中。分布于华东、华南、四川、贵州和云南。

  入药部位 根茎(称重楼),秋季采挖。

  性味功用 味苦,性微寒。清热解毒,消肿止痛,凉肝定惊。

178. 玉竹 *Polygonatum odoratum*（Mill.）Druce

  别名俗名 女萎、尾参、铃铛菜、山铃铛。

  形态特征 多年生草本。根状茎圆柱形。叶互生,椭圆形至卵状矩圆形,先端尖,下面带灰白色,下面脉上平滑至呈乳头状粗糙。花序具花1~4;花被黄绿色至白色,花被筒较直,花丝丝状,近平滑至具乳头状突起。浆果蓝黑色,具种子7~9。花期5~6月,果期7~9月。

  生境分布 生于林下或山野阴坡。分布于全国大部分地区。

  入药部位 根茎(称玉竹),秋季采挖。

  性味功用 味甘,性微寒。养阴润燥,生津止渴。

179. 多花黄精 *Polygonatum cyrtonema* Hua

  别名俗名 鸡头黄精、黄鸡菜、爪子参、老虎姜、鸡爪参。

  形态特征 多年生草本。根状茎肥厚,通常连珠状或结节成块,少有近圆柱形。叶互生,椭圆形、卵状披针形至矩圆状披针形,少有稍作镰状弯曲,先端尖至渐尖。伞形花序,苞片微小,位于花梗中部以下,或不存在;花被黄绿色。浆果黑色,具种子3~9。花期5~6月,果期8~10月。

  生境分布 生于林下、灌丛或山坡阴处。分布于东北、西北及华东各地。

  入药部位 根茎(称黄精),春、秋两季采挖。

  性味功用 味甘,性平。补气养阴,健脾,润肺,益肾。

180. 菝葜 *Smilax china*

  别名俗名 金刚兜。

  形态特征 攀缘灌木。根状茎粗厚,坚硬,为不规则的块状。叶薄革质或坚纸质,圆形、卵形或其他形状;叶柄几乎都有卷须。伞形花序生于叶尚幼嫩的小枝上,具十几朵或更多的花,常呈球形;花序托稍膨大,近球形,具小苞片;花绿黄色;雌花与雄花大小相似,有退化雄蕊6。浆果,熟时红色,有粉霜。花期2~5月,果期9~11月。

  生境分布 生于林下、灌丛中、路旁、河谷或山坡上。分布于全国大部分地区。

  入药部位 根茎(称菝葜),秋末至次年春采挖。

  性味功用 味甘、微苦、涩,性平。利湿去浊,祛风除痹,解毒散瘀。

181. 天门冬 *Asparagus cochinchinensis*（Lour.）Merr.

  别名俗名 三百棒、丝冬、老虎尾巴根、天冬草、明天冬。

  形态特征 攀缘植物。根在中部或近末端呈纺锤状膨大。茎平滑,常弯曲或扭曲,长可达1~2m,分枝具棱或狭翅。叶状枝通常每3条成簇,扁平或由于中脉龙骨状而略呈锐三棱形,稍镰刀状。花通常每2朵腋生,淡绿色;雄花花丝不贴生于花被片上;雌花大小和雄花相似。浆果,熟时红色,有种子1。花期5~6月,果期8~10月。

  生境分布 生于山坡、路旁、疏林下、山谷或荒地上。分布于华东、中南、西南各地。

  入药部位 块根(称天冬),秋、冬二季采挖。

  性味功用 味甘、苦,性寒。养阴润燥,清肺生津。

182. 知母 *Anemarrhena asphodeloides* Bunge

别名俗名　蚔母、连母、野蓼、地参。

形态特征　多年生草本。根状茎粗,为残存的叶鞘所覆盖。叶基部渐宽而呈鞘状,具多条平行脉,没有明显的中脉。花葶比叶长得多;总状花序;苞片小,卵形或卵圆形,先端长渐尖;花粉红色、淡紫色至白色。蒴果狭椭圆形,先端有短喙。种子长7～10mm。花、果期6～9月。

生境分布　生于山坡、草地或路旁。分布于东北、西北地区。

入药部位　根茎(称知母),春、秋二季采挖。

性味功用　味苦、甘,性寒。清热泻火,滋阴润燥。

183. 薤白 *Allium macrostemon* Bunge

别名俗名　小根蒜、菜芝、荞子、小蒜。

形态特征　多年生草本。鳞茎近球状,基部常具小鳞茎;鳞茎外皮带黑色,纸质或膜质,不破裂。叶3～5,半圆柱状,中空,上面具沟槽,比花葶短。花葶圆柱状;伞形花序半球状至球状,具多而密集的花,或间具珠芽或有时全为珠芽;花被片矩圆状卵形至矩圆状披针形;花丝等长,在基部合生并与花被片贴生;子房近球状。花、果期5～7月。

生境分布　生于山坡、丘陵、山谷或草地上。除新疆、青海外,全国各地均产。

入药部位　鳞茎(称薤白),夏、秋二季采挖。

性味功用　味辛、苦,性温。通阳散结,行气导滞。

184. 平贝母 *Fritillaria ussuriensis* Maxim.

别名俗名　坪贝、贝母、平贝。

形态特征　多年生草本。鳞茎由2鳞片组成,周围还常有少数小鳞茎,容易脱落。叶轮生或对生,在中上部常兼有少数散生的,条形至披针形。花1～3,紫色而具黄色小方格,先端的花具4～6叶状苞片,苞片先端强烈卷曲;雄蕊长约为花被片的3/5,花药近基着,花丝具小乳突,上部更多;花柱也有乳突,柱头裂片长约5mm。花期5～6月。

生境分布　生于低海拔地区的林下、草甸或河谷。产于辽宁、吉林、黑龙江。

入药部位　鳞茎(称平贝母),春季采挖。

性味功用　味苦、甘,性微寒。清热润肺,化痰止咳。

185. 湖北贝母 *Fritillaria hupehensis* Hsiao et K. C. Hsia

别名俗名　板贝、平贝、窑贝、奉节贝。

形态特征　多年生草本。鳞茎由2枚鳞片组成。3～7叶轮生,中间常兼有对生或散生的,矩圆状披针形,先端不卷曲或多少弯曲。花1～4,紫色;叶状苞片通常3,极少为4;外花被片稍狭些;蜜腺窝在背面稍突出;雄蕊长约为花被片的一半,花药近基着,花丝常稍具小乳突。蒴果,棱上有翅。花期4月,果期5～6月。

生境分布　生于山坡、草地、灌丛中。分布于湖北、四川、湖南、安徽等地。

入药部位　鳞茎(称平贝母),春季采挖。

性味功用　味苦、甘,性微寒。清热润肺,化痰止咳。

186. 韭 *Allium tuberosum* Rottl. ex Spreng.

别名俗名　丰本、草钟乳、起阳草、懒人菜、长生韭。

形态特征　多年生草本。具倾斜的横生根状茎。鳞茎簇生。叶条形,扁平,实心,比花葶短,边缘平滑。花葶圆柱状,宿存;伞形花序半球状或近球状,具多但较稀疏的花;花丝等长,为花被片长度的 2/3～4/5,基部合生并与花被片贴生,分离部分狭三角形,内轮的稍宽;子房倒圆锥状球形,具 3 圆棱,外壁具细的疣状突起。花、果期 7～9 月。

    生境分布   全国各地广泛栽培。

    入药部位   干燥成熟种子(称韭菜子),秋季果实成熟时采收。

    性味功用   味辛、甘,性温。温补肝肾,壮阳固精。

七十一、薯蓣科

187. 薯蓣 *Dioscorea opposita* Thunb.

    别名俗名   山药、怀山药、淮山药、土薯、山薯、玉延、山芋。

    形态特征   缠绕草质藤本。块茎长圆柱形,垂直生长,断面干时白色。茎通常带紫红色,右旋,无毛。单叶,在茎下部的互生,中部以上的对生,很少 3 叶轮生;叶片变异大,卵状三角形至宽卵形或戟形;叶腋内常有珠芽。雌雄异株,雄花序为穗状花序,2～8 个着生于叶腋,雄蕊 6;雌花序为穗状花序,1～3 个着生于叶腋。蒴果不反折,三棱状扁圆形或三棱状圆形。种子四周有膜质翅。花期 6～9 月,果期 7～11 月。

    生境分布   生于山坡、山谷林下及溪边、路旁的灌丛中或杂草中。分布于全国大部分地区。

    入药部位   根茎(称山药),冬季茎叶枯萎后采挖。

    性味功用   味甘,性平。补脾养胃,生津益肺,补肾涩精。

188. 穿龙薯蓣 *Dioscorea nipponica* Makino

    别名俗名   穿山龙、野山药、地龙骨、鸡骨头、龙草、穿地龙。

    形态特征   缠绕草质藤本。根状茎横生,圆柱形,多分枝。茎左旋,近无毛。单叶互生;叶片掌状心形,变化较大,边缘作不等大的三角状浅裂、中裂或深裂。花雌雄异株,雄花序为腋生的穗状花序,花序基部常由 2～4 朵集成小伞状,花被碟形,雄蕊 6;雌花序穗状,单生。蒴果成熟后枯黄色,三棱形,先端凹入。花期 6～8 月,果期 8～10 月。

    生境分布   生于半阴半阳的山坡灌木丛中和稀疏杂木林内及林缘。分布于东北、西北、华北、华东及河南。

    入药部位   根茎(称穿山龙),春、秋二季采挖。

    性味功用   味甘、苦,性温。祛风除湿,舒筋通络,活血止痛,止咳平喘。

七十二、禾本科

189. 淡竹叶 *Lophatherum gracile* Brongn.

    别名俗名   竹叶、碎骨子、山鸡米、金鸡米、迷身草。

    形态特征   多年生草本,具木质根头。须根中部膨大呈纺锤形小块根。秆直立,疏丛生,具 5～6 节。叶鞘平滑或外侧边缘具纤毛;叶舌质硬;叶片披针形,具横脉,有时被柔毛或疣基小刺毛。圆锥花序;小穗线状披针形,具极短柄,颖先端钝,边缘膜质;内稃较短,不育外稃向上渐狭小,先端具短芒;雄蕊 2。颖果长椭圆形。花、果期 6～10 月。

    生境分布   生于山坡、林地或林缘、道旁荫蔽处。分布于长江流域和华南、西南各地。

    入药部位   茎叶(称淡竹叶),夏季未抽花穗时采割。

    性味功用   味甘、淡,性寒。清热泻火,除烦止渴,利尿通淋。

190. **芦苇** *Phragmites australis* (Cav.) Trin. ex Steud.

别名俗名　苇、芦、蒹葭。

形态特征　多年水生或湿生。根状茎十分发达。秆直立,具 20 多节,基部和上部的节间较短,节下被腊粉。叶鞘下部者短于其节间而上部者长于其节间;叶片披针状线形,无毛,先端长渐尖成丝形。圆锥花序大型,分枝多数,着生稠密下垂的小穗;雄蕊 3,黄色。颖果。花、果期 7～10 月。

生境分布　生于江河湖泽、池塘沟渠沿岸和低湿地。分布于全国各地。

入药部位　根茎(称芦根),全年均可采挖。

性味功用　味甘,性寒。清热泻火,生津止渴,除烦,止呕,利尿。

191. **薏苡** *Coix lacryma-jobi* L.

别名俗名　川谷、菩提子。

形态特征　一年生粗壮草本。须根黄白色。秆直立丛生,具 10 多节,节多分枝。叶鞘短于其节间,无毛;叶舌干膜质;叶片扁平宽大,开展,边缘粗糙,通常无毛。总状花序腋生成束,直立或下垂,具长梗;雌小穗位于花序之下部,外面包以骨质念珠状之总苞,总苞卵圆形;雄蕊常退化;雌蕊具细长之柱头。颖果小。花、果期 6～12 月。

生境分布　生于湿润的屋旁、河沟、山谷、溪涧等地方。分布于全国温暖地区。

入药部位　成熟种仁(称薏苡仁),秋季果实成熟时采割植株,晒干,打下果实。

性味功用　味甘、淡,性凉。利水渗湿,健脾止泻,除痹,排脓,解毒散结。

192. **白茅** *Imperata cylindrica* (L.) Beauv.

别名俗名　茅、茅针、茅根。

形态特征　多年生草本,具粗壮的长根状茎。秆直立,具 1～3 节,节无毛。叶鞘聚集于秆基,甚长于其节间,质地较厚,老后破碎呈纤维状。圆锥花序稠密;两颖草质及边缘膜质,近相等,具 5～9 脉,先端渐尖或稍钝,常具纤毛,脉间疏生长丝状毛;雄蕊 2;花柱细长,基部多少连合,柱头 2。颖果椭圆形,长约 1mm,胚长为颖果之半。花、果期 4～6 月。

生境分布　生于荒地、山坡及疏林下。全国均有分布。

入药部位　根茎(称白茅根),春、秋二季采挖。

性味功用　味甘,性寒。凉血止血,清热利尿。

七十三、黑三棱科

193. **黑三棱** *Sparganium stoloniferum* (Graebn.) Buch. -Ham. ex Juz.

别名俗名　三棱草、京三棱。

形态特征　多年生水生或沼生草本。块茎膨大,比茎粗 2～3 倍,或更粗;根状茎粗壮。茎直立,挺水。叶片具中脉,上部扁平,下部背面呈龙骨状突起,或呈三棱形,基部鞘状。圆锥花序开展,具 3～7 侧枝,每个侧枝上着生雄性头状花序 7～11 和雌性头状花序 1～2。果实倒圆锥形,上部通常膨大呈冠状,具棱,褐色。花、果期 5～10 月。

生境分布　生于湖泊、河沟、沼泽、水塘边浅水处。分布于东北、华北、西北等地。

入药部位　块茎(称三棱),冬季至次年春季采挖。

性味功用　味辛、苦,性平。破血行气,消积止痛。

七十四、香蒲科

194. 香蒲 *Typha orientalis* Presl.

别名俗名 蒲菜、蒲草、毛蜡烛。

形态特征 多年生水生或沼生草本。根状茎乳白色。地上茎粗壮,向上渐细。叶片条形,光滑无毛;叶鞘抱茎。雌雄花序紧密连接;雌花序,基部具 1 叶状苞片,花后脱落;雄花通常由 3 雄蕊组成;雌花无小苞片;孕性雌花柱头匙形,外弯;子房纺锤形至披针形。小坚果椭圆形至长椭圆形;果皮具长形褐色斑点。花期 5～6 月,果期 7～8 月。

生境分布 生于湖泊、池塘、沟渠、沼泽及河流缓流带。分布于东北、华北、华东等地。

入药部位 花粉(称蒲黄),夏季采收黄色雄花序,晒干后碾轧,筛取花粉。

性味功用 味甘,性平,归肝、心包经。止血,化瘀,通淋。

七十五、鸢尾科

195. 射干 *Belamcanda chinensis* (L.) Redouté

别名俗名 扁竹、鬼蒲扇。

形态特征 多年生草本。根状茎为不规则的块状,斜伸,黄色或黄褐色;须根多数,带黄色。叶互生,嵌迭状排列,剑形,基部鞘状抱茎,先端渐尖,无中脉。花序顶生,叉状分枝,每分枝的先端聚生有数朵花;花橙红色,散生紫褐色的斑点;花被裂片 6,2 轮排列;雄蕊 3,着生于外花被裂片的基部。蒴果倒卵形或长椭圆形。花期 6～8 月,果期 7～9 月。

生境分布 生于林缘、灌丛或山坡草地。分布于东北、华北、华东、中南及西南各地。

入药部位 根茎(称射干),春初刚发芽或秋末茎叶枯萎时采挖。

性味功用 味苦,性寒。清热解毒,消痰,利咽。

七十六、姜科

196. 砂仁 *Amomum villosum* Lour.

别名俗名 阳春砂仁、缩砂仁、蜜砂仁。

形态特征 多年生草本。茎散生;根茎匍匐地面,节上被褐色膜质鳞片。中部叶片长披针形,上部叶片线形,先端尾尖,基部近圆形,两面光滑无毛,无柄或近无柄;叶舌半圆形;叶鞘上有略凹陷的方格状网纹。穗状花序椭圆形;花冠管长 1.8cm;裂片倒卵状长圆形,白色;子房被白色柔毛。蒴果椭圆形,表面被不分裂或分裂的柔刺。花期 5～6 月,果期 8～9 月。

生境分布 栽培或野生于山地阴湿之处。分布于福建、广东、广西和云南。

入药部位 果实(称砂仁),夏、秋二季果实成熟时采收。

性味功用 味辛,性温。化湿开胃,温脾止泻,理气安胎。

七十七、棕榈科

197. 棕榈 *Trachycarpus fortunei* (Hook.) H. Wendl.

别名俗名 唐棕、栟榈、中国扇棕、棕树、山棕。

形态特征 乔木状,树干圆柱形,被不易脱落的老叶柄基部和密集的网状纤维,除非人工剥除,否则不能自行脱落。叶片呈 3/4 圆形或近圆形,深裂成 30～50 具皱折的线状剑形。花序粗壮,多次分枝,从叶腋抽出,通常是雌雄异株;雄花序长约 40cm,具有分枝花序 2～3;雄花无梗,每 2～3 朵密集着生于小穗轴上,也有单生的;雌花淡绿色,通常 2～3 朵聚生。果实阔肾形,有脐。花期 4 月,果期 12 月。

生境分布　常栽培。分布于长江以南至广东各地。

入药部位　叶柄(称棕榈),采棕时割取旧叶柄下延部分和鞘片。

性味功用　味苦、涩,性平。收敛止血。

198. 槟榔 *Areca catechu* L.

别名俗名　槟榔子、大腹子。

形态特征　茎直立,乔木状,有明显的环状叶痕。叶簇生于茎顶,羽片多数,两面无毛,狭长披针形,上部的羽片合生,先端有不规则齿裂。雌雄同株,花序多分枝,花序轴粗壮压扁,分枝曲折,着生 1 列或 2 列的雄花;雄花小,无梗,通常单生,雄蕊 6,退化雌蕊 3,线形;雌花较大,退化雄蕊 6,合生。果实长圆形或卵球形。花、果期 3～4 月。

生境分布　分布于云南、海南及台湾等热带地区。

入药部位　种子(称槟榔),春末至秋初采收。

性味功用　味苦、辛,性温,归胃、大肠经。杀虫,消积,行气,利水,截疟。

七十八、兰科

199. 铁皮石斛 *Dendrobium officinale* Kimura et Migo

别名俗名　黑节草、铁皮枫斗、云南铁皮。

形态特征　多年生草本。茎直立,肉质状肥厚,圆柱形,不分枝,具多节。叶二列,纸质,长圆状披针形;叶鞘常具紫斑。总状花序常从落了叶的老茎上部发出,具花 2～3;花苞片干膜质,浅白色,卵形;萼片和花瓣黄绿色,近相似;唇瓣白色,卵状披针形;蕊柱黄绿色;药帽白色,长卵状三角形。蒴果。花期 3～6 月。

生境分布　生于山地林中树干上或山谷岩石上。分布于安徽、浙江、福建、广西等地。

入药部位　茎(称铁皮石斛),11 月至翌年 3 月采收。

性味功用　味甘,性微寒。益胃生津,滋阴清热。

200. 白及 *Bletilla striata*（Thunb. ex A. Murray）Rchb. f.

别名俗名　紫兰、苞舌兰、连及草。

形态特征　多年生草本。假鳞茎扁球形,上面具荸荠似的环带,富黏性。茎粗壮,劲直。叶 4～6,狭长圆形或披针形,先端渐尖,基部收狭成鞘并抱茎。花序具 3～10 朵花,常不分枝或极罕分枝;花序轴或多或少呈"之"字形曲折;花瓣较萼片稍宽;唇瓣较萼片和花瓣稍短,倒卵状椭圆形。蒴果圆柱形。花期 4～5 月。

生境分布　生于林下、路边草丛或岩石缝中。分布于长江流域及以南各地。

入药部位　块茎(称白及),夏、秋二季采挖。

性味功用　味苦、甘、涩,性微寒。收敛止血,消肿生肌。

参考文献

[1]　中国科学院《中国植物志》编辑委员会. 中国植物志[M]. 北京:科学出版社,1995-2002.

[2]　国家药典委员会. 中华人民共和国药典:一部[M]. 北京:中国医药科技出版社,2015.

[3]　路金才. 药用植物学[M]. 北京:中国医药科技出版社,2016.

附录 常见 200 种药用植物彩图

彩图 1 有柄石韦 于俊林摄影

彩图 2 庐山石韦 于俊林摄影

彩图 3　卷柏　于俊林摄影

彩图 4　粗茎鳞毛蕨　于俊林摄影

彩图 5 紫萁 熊厚溪摄影

彩图 6 木贼 于俊林摄影

彩图 7　侧柏　于俊林摄影

彩图 8　银杏　于俊林摄影

彩图 9　草麻黄　于俊林摄影

彩图 10　桑　于俊林摄影

彩图 11　大麻　于俊林摄影

彩图 12　槲寄生　于俊林摄影

彩图 12(续) 槲寄生 于俊林摄影

彩图 13 穿叶蓼 于俊林摄影

彩图 14　何首乌　于俊林摄影

彩图 15　萹蓄　于俊林摄影

彩图 16 红蓼 于俊林摄影

彩图 17 鸡爪大黄 于俊林摄影

彩图 18　商陆　熊厚溪摄影

彩图 19　马齿苋　于俊林摄影

彩图 20 石竹 于俊林摄影

彩图 21 瞿麦 于俊林摄影

彩图 22　孩儿参　于俊林摄影

彩图 23　麦蓝菜　于俊林摄影

彩图 24　地肤　于俊林摄影

彩图 25　鸡冠花　于俊林摄影

彩图 26　青葙　于俊林摄影

彩图 27　牛膝　于俊林摄影

彩图 28　阔叶十大功劳　于俊林摄影

彩图 29　朝鲜淫羊藿　于俊林摄影

彩图 29(续)　朝鲜淫羊藿　于俊林摄影

彩图 30　细叶小檗　于俊林摄影

彩图 31　蝙蝠葛　于俊林摄影

彩图 32　粉防己　汪荣斌摄影

彩图 33　莲　汪荣斌摄影

彩图 34　芡实　于俊林摄影

彩图 35　蕺菜　汪荣斌摄影

彩图 36　肉桂　汪荣斌摄影

彩图 37　玉兰　汪荣斌摄影

彩图38 厚朴 汪荣斌摄影

彩图39 五味子 汪荣斌摄影

彩图 39(续) 五味子 汪荣斌摄影

彩图 40 华中五味子 汪荣斌摄影

彩图 41　大血藤　汪荣斌摄影

彩图 42　乌头　汪荣斌摄影

彩图 43　多被银莲花　汪荣斌摄影

彩图 44　辣蓼铁线莲　于俊林摄影

彩图 44(续)　辣蓼铁线莲　于俊林摄影

彩图 45　威灵仙　汪荣斌摄影

彩图 46　白头翁　汪荣斌摄影

彩图 47 升麻 汪荣斌摄影

彩图 48 黄连 汪荣斌摄影

彩图49　细辛　汪荣斌摄影

彩图50　马兜铃　汪荣斌摄影

彩图 51 牡丹 汪荣斌摄影

彩图 52 芍药 汪荣斌摄影

彩图 53　延胡索　汪荣斌摄影

彩图 54　白屈菜　汪荣斌摄影

彩图 55　菥蓂　汪荣斌摄影

彩图 56　菘蓝　汪荣斌摄影

彩图 57　独行菜　于俊林摄影

彩图 58　播娘蒿　汪荣斌摄影

彩图 59　杜仲　汪荣斌摄影

彩图 60　虎耳草　梅桂林　陈娜摄影

彩图 61　皱皮木瓜　汪文革　郭巧生摄影

彩图 62　桃　梅桂林　陈娜摄影

彩图 63 委陵菜 于俊林摄影

彩图 64 翻白草 于俊林摄影

彩图 65　龙牙草　于俊林摄影

彩图 66　路边青　于俊林摄影

彩图 66(续) 路边青 于俊林摄影

彩图 67 覆盆子 王挺摄影

彩图 68 地榆 于俊林摄影

彩图 69　山杏　于俊林摄影

彩图 70　枇杷　陈娜　于俊林摄影

彩图 71　梅　汪荣斌摄影

彩图 72　山楂　陈娜　方成武摄影

彩图 73　金樱子　刘想晴摄影

彩图74　葛　汪荣斌摄影

彩图75　苦参　汪荣斌摄影

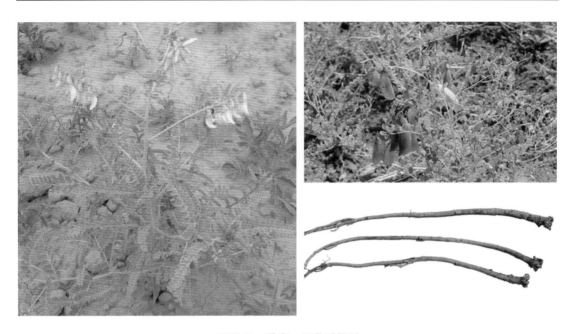

彩图 76　黄耆　汪荣斌摄影

彩图 77　胡芦巴　于俊林摄影

彩图 78　决明　于俊林　陈娜摄影

彩图 79　甘草　于俊林摄影

彩图 80　皂荚　陈娜　汪文革摄影

彩图 81 老鹳草 于俊林摄影

彩图 82 蒺藜 于俊林摄影

彩图 83 大戟 陈娜 梅桂林摄影

彩图 84 狼毒 于俊林摄影

彩图 85 白鲜 于俊林摄影

彩图 86 黄檗 于俊林摄影

彩图 87　枳　方成武摄影

彩图 88　佛手　方成武摄影

彩图 89　柑橘　于俊林摄影

彩图 90　花椒　陈娜　于俊林摄影

彩图 91　两面针　王挺摄影

彩图 92　枸骨　于俊林　陈娜摄影

彩图93　瓜子金　于俊林摄影

彩图94　远志　于俊林摄影

彩图 95 盐肤木 于俊林摄影

彩图 96 酸枣 于俊林摄影

彩图 97　苘麻　于俊林摄影

彩图 98　紫花地丁　于俊林摄影

彩图 99 使君子 于俊林摄影

彩图 100 山茱萸 于俊林摄影

彩图 101　栝楼　梅桂林摄影

彩图 102　人参　于俊林摄影

彩图 102(续)　人参　于俊林摄影

彩图 103　西洋参　于俊林摄影

彩图 104　刺五加　于俊林摄影

彩图 105　白芷　于俊林摄影

彩图 106　柴胡　于俊林摄影

彩图 107　红柴胡　于俊林摄影

彩图 108　茴香　于俊林摄影

彩图 109　蛇床　于俊林摄影

彩图 110 防风 于俊林摄影

彩图 111 紫花前胡 于俊林摄影

彩图 112　珊瑚菜　周繇摄影

彩图 113　兴安杜鹃　于俊林摄影

彩图 114　过路黄　张久东　李秀英摄影

彩图 115　连翘　于俊林摄影

彩图 116　女贞　于俊林摄影

彩图 117　龙胆　于俊林摄影

彩图 118　络石　汪荣斌摄影

彩图 119　罗布麻　于俊林摄影

彩图 120　柳叶白前　汪荣斌摄影

彩图 121　白薇　汪荣斌摄影

彩图 122　白薇　熊厚溪摄影

彩图 123　杠柳　于俊林摄影

彩图 124　徐长卿　于俊林摄影

彩图 125　茜草　熊厚溪摄影

彩图 126 钩藤 熊厚溪摄影

彩图 127 穿心莲 汪荣斌摄影

彩图 128　牵牛　于俊林摄影

彩图 129　圆叶牵牛　于俊林摄影

彩图 130　菟丝子　熊厚溪摄影

彩图 131　马鞭草　熊厚溪摄影

彩图 132　夏枯草　熊厚溪摄影

彩图 133　薄荷　于俊林摄影

彩图 134 地笋 熊厚溪摄影

彩图 135 丹参 于俊林摄影

彩图 136　益母草　熊厚溪摄影

彩图 137　黄芩　于俊林摄影

彩图 138　风轮菜　熊厚溪摄影

彩图 139　洋金花　汪荣斌摄影

彩图 140　枸杞　熊厚溪摄影

彩图 141　挂金灯　于俊林摄影

彩图 142　玄参　熊厚溪摄影

彩图 143　地黄　于俊林摄影

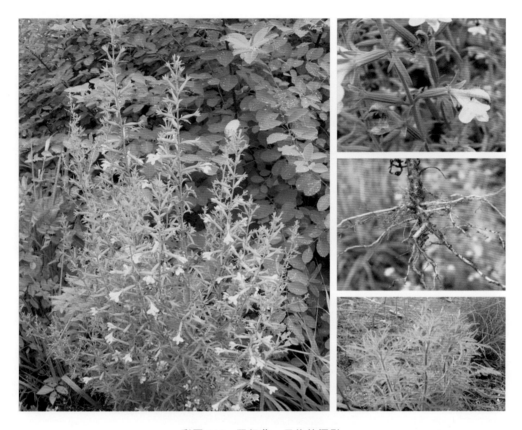

彩图 144　阴行草　于俊林摄影

彩图 145　列当　于俊林　周繇摄影

彩图 146　车前　梅桂林摄影

彩图 147　平车前　于俊林摄影

彩图 148　忍冬　梅桂林摄影

彩图 149　桔梗　于俊林摄影

彩图 150　党参　于俊林摄影

彩图 151　半边莲　方成武摄影

彩图 152　苍术　于俊林摄影

彩图 153　白术　梅桂林摄影

彩图 154 苍耳 梅桂林摄影

彩图 155 艾 于俊林摄影

彩图 156　红花　于俊林摄影　　　　　　　彩图 157　千里光　方成武摄影

彩图 158　刺儿菜　梅桂林摄影

彩图 159 野菊 于俊林摄影

彩图 160 茵陈蒿 于俊林摄影

彩图 161　牛蒡　于俊林摄影

彩图 162　旋覆花　梅桂林摄影

彩图 163 豨莶 梅桂林摄影

彩图 164 漏芦 于俊林摄影

彩图 165　款冬　于俊林摄影

彩图 166　紫菀　于俊林摄影

彩图 167　蒲公英　梅桂林摄影

彩图 168　泽泻　于俊林摄影

彩图 169　天南星　方成武摄影

彩图 170　东北南星　于俊林摄影

彩图 171 半夏 梅桂林摄影

彩图 172 百部 刘想晴摄影

彩图173　百合　刘想晴摄影

彩图174　卷丹　刘想晴摄影

彩图 175 麦冬 刘想晴摄影

彩图 176 阔叶山麦冬 刘想晴摄影

彩图 177　华重楼　刘想晴摄影

彩图 178　玉竹　刘想晴摄影

彩图 179 多花黄精 刘想晴摄影

彩图 180 菝葜 刘想晴摄影

彩图 181　天门冬　刘想晴摄影

彩图 182　知母　于俊林摄影

彩图 183　薤白　刘想晴摄影

彩图 184　平贝母　于俊林摄影

彩图 185　湖北贝母　刘想晴摄影

彩图 186　韭　刘想晴摄影

彩图 187 薯蓣 刘想晴摄影

彩图 188 穿龙薯蓣 于俊林摄影

彩图 189　淡竹叶　刘想晴摄影

彩图 190　芦苇　于俊林摄影

彩图 191　薏苡　刘想晴摄影

彩图 192　白茅　刘想晴摄影

彩图 193　黑三棱　于俊林摄影

彩图 194　香蒲　于俊林　刘想晴摄影

彩图195　射干　刘想晴摄影

彩图196　砂仁　于俊林摄影

彩图 197　棕榈　刘想晴摄影

彩图 198　槟榔　于俊林摄影

彩图 199　铁皮石斛　于俊林　刘想晴摄影

彩图 200　白及　刘想晴摄影

党的二十大精神进教材提纲挈领

党的二十大报告把促进中医药传承创新发展作为推进健康中国建设的重要内容之一，为新时代新征程继续推进中医药高质量发展进一步指明了前进方向，也为中药材发展，培育优质生态产品，实现人与自然和谐发展，助力美丽中国、健康中国建设提供了根本遵循。人才是中医药发展的第一资源，只有坚持打造高质量的中医药人才队伍，才能为中医药高质量发展提供更加坚强的保障。

药用植物学是中药学、中药材生产与加工等专业的重要基础课，课程涉及植物学、中药学及植物分类学等知识，要求学生具有严谨的职业道德、精益求精的工匠精神。药用植物学野外实践在药用植物学课程体系中不可或缺，使学生在掌握理论知识的基础上能够熟练应用药用植物的鉴别方法，识别重点科、属的主要特征，并且可以对野外常见药用植物进行鉴定。教师在授业的同时注重传道和解惑，培育学生践行中医药文化自信和社会主义核心价值观，切实落实立德树人的根本任务。具体的思政元素和思政目标见下表。

课程思政教学案例

序号	知识点	案例	思政目标
1	野外实践准备工作	引入以破坏环境、过度采掘药用植物，导致部分药材野生资源枯竭的案例	树立"绿水青山就是金山银山"的发展理念
2	野外实践准备工作	了解神农尝百草，李时珍完成《本草纲目》巨著等故事	培养勤奋刻苦、执着追求、大医精诚的中医药人精神
3	药用植物形态描述	描述植物根、茎、叶等营养器官和花、果实、种子等繁殖器官的形态特征	树立实事求是、科学严谨、细致入微的研究精神；在观察植物特征时，着重体现细节对植物鉴定的重要性，培养认真严谨的科研习惯
4	药用植物形态描述	药用植物器官多样性反映植物对环境的适应性	"适者生存"的自然选择原理蕴含"自然和谐"的生态美
5	不同药用植物辨识、标本采集	在保证安全的前提下，教师带队，跋山涉水、翻山越岭、栉风沐雨，克服各种困难进行植物辨别、标本采集	让学生体会到野外实践的艰辛，体会到前辈们不辞辛苦才得到知识成果；体会人与自然的关系，意识到自然资源的宝贵，培养学生可持续利用自然资源的观念
6	药用植物标本制作	介绍《中华人民共和国野生植物保护条例》等动植物保护法规	遵守职业道德和法律规范，敬畏生命，保护珍稀濒危植物
7	药用植物标本制作	进行标本的采集、整理、压制、消毒和上台纸的学习和实操	培养学生探索未知、追求真理的责任感和使命感
8	野外实践文献查阅	介绍《中国植物志》等著作的编写过程	学习中国植物学家孜孜不倦的科学态度和前仆后继、与时俱进、求实创新的进取精神